DER EISERNE ZIMMEROFEN

HANDBUCH FÜR NEUZEITLICHE WÄRMEWIRTSCHAFT IM HAUSBRAND

HERAUSGEGEBEN
UNTER MITARBEIT DES PRIVATDOZENT DIPL.-ING.
DR. M. WIERZ UND DES DR.-ING. G. BRANDSTATER

VON DER

VEREINIGUNG DEUTSCHER EISENOFENFABRIKANTEN E.V.
WÄRMETECHNISCHEN ABTEILUNG

MÜNCHEN UND BERLIN 1923
DRUCK UND VERLAG VON R. OLDENBOURG

Zeichnungen von Hans-Günther Reinstein, Hannover

Vorwort.

Die große Kohlennot und die hohen Kohlenpreise zwingen zur sparsamen Verwendung der Kohle.

Vorbedingung hierfür ist die Kenntnis der Heizanlagen, ihre Konstruktion, Bedienung und Verwendung.

Vorliegendes Handbuch soll in gedrängter Kürze auch dem Laien einen Überblick über die verschiedenen Systeme, über die Verwendung und den Gebrauch ›des eisernen Ofens geben und dartun, wie man durch rationelle Wirtschaft mit gutem Erfolg den eisernen Ofen benutzen soll.

Möge das Handbuch das erreichen, was es bezweckt, die sparsame Verwendung unseres Nationalvermögens, der Kohle, zu fördern und deren Anwendung der Allgemeinheit vor Augen zu führen.

Für die freundliche Mitarbeit des Herrn Privatdozenten Dipl.-Ing. Dr. M. Wierz und des Herrn Dr.-Ing. G. Brandstäter, sowie Herrn Prof. Dr.-Ing. Bonin für die liebenswürdige Durchsicht dieses Buches, sagen wir noch an dieser Stelle unseren verbindlichsten Dank.

Cassel, im März 1923.

Vereinigung Deutscher Eisenofenfabrikanten E. V.
Wärmetechnische Abteilung.

Inhalts-Verzeichnis.

Zum Geleit.

Verminderung der Heizkosten steht heute im Mittelpunkte des Interesses.

Eine wesentliche Verbilligung der Hausbrandkohlen ist praktisch undurchführbar. Denkbar ist sie nur unter starker Verschärfung der zwangswirtschaftlichen Überwachung, des Karten- und Markensystems: — dies wünscht im Grunde wohl keiner. Aber selbst dann entsteht, wie die Kriegserfahrungen gezeigt haben, die Gefahr, daß die künstlich verbilligte Kohle vom Markt verschwindet. In Gestalt teurerer Industriekohle, höherer Frachten würde zudem die scheinbare Erleichterung der Hausbrandkosten mehr als wettgemacht durch Verteuerung aller anderen Bedarfsgegenstände.

Vergeblich wird man von solchen verwickelten, die Wirtschaft gefährdenden Staatsmaßnahmen Erleichterung erhoffen. Viel richtiger ist es, selber das Seinige zu tun, um billiger zu wirtschaften. Billiger, — aber nicht schlechter. Bisher sind wir mit unseren Brennstoffen recht sorglos umgegangen. Jetzt heißt's: „Heizen lernen!" Dann können wir aus weniger Brennstoffen mehr Wärme gewinnen. Das ist gar keine große Kunst. Selbst die Anpassung an ungewohnte oder bisher als ungeeignet erachtete Brennstoffe ist in der Regel nicht so schwierig. Man muß nur die Grundtatsachen für vernünftiges Heizen mit etwas gesundem Menschenverstand anzuwenden wissen. Diese Grundtatsachen selbst sind überaus einfach.

Dieses Buch zeigt den Weg dazu für alle Besitzer oder Käufer eiserner Öfen. Auch allen denen, die genötigt sind, die Zentralheizung vorübergehend oder dauernd mit eisernen Öfen zu vertauschen oder zu ergänzen, wird es ein willkommener Führer sein.

Nicht minder wichtig ist es, daß sich die Verkäufer und Monteure eiserner Öfen seinen Inhalt ganz zu eigen machen. Sie in erster Linie sind dazu berufen, guten Rat zu erteilen.

Ein gutes Buch, ein guter Ofen und ein guter Rat nützen aber alle drei wenig, wenn sie nicht richtig verwendet werden. Auf das Heizen selber kommt es an.

Zum großen Teil ist das Erziehungssache. Besonders wünschen wir deshalb dies Buch in die Hand der Lehrer, sowohl in den Fach- und Berufs-(Fortbildungs-)Schulen, wie in den höheren und Volksschulen, im Rahmen der vom Reichskohlenrat im Verein mit den heiztechnischen Berufsorganisationen eingeleiteten Bestrebungen. Unsere Lehrer haben einst unseren Heeren zum Sieg verholfen. Fortab müssen sie dem deutschen Volke dazu helfen, im bitteren Kampf um sein wirtschaftliches Dasein zu bestehen. Möchten sie sich dieser ihnen zunächst noch etwas fremden Aufgabe gewachsen zeigen und möchte ihnen dieses Buch dabei helfen!

Das Wichtigste aber ist und bleibt: Nicht nur dies Buch zu erwerben, — nicht nur es zu lesen —, sondern seinen Inhalt verständnisvoll im Haushalt anzuwenden. Dann gereicht das Buch zum Segen, — und dies wünschen wir ihm zum Geleit!

**Der Sonderausschuß für Hausbrandfragen
beim Reichskohlenrat.**

zur Nedden, Geschäftsführer.

I. Heizungstechnische Grundlagen.

Von Privatdozent Dipl.-Ing. Dr. M. Wierz.

1. Hygienische Gesichtspunkte.

Die einwandfreie Beheizung unserer Wohnräume ist an gewisse hygienische Bedingungen geknüpft, die nicht ohne Einfluß auf die Ausgestaltung der Heizungsvorrichtungen geblieben sind. Zur Beurteilung der letzteren ist daher die Kenntnis der maßgebenden hygienischen Gesichtspunkte erforderlich, die hier kurz gestreift werden sollen.

Bekanntlich beträgt die Körper- bzw. Bluttemperatur des gesunden Menschen rd. 37° C. Geringe Abweichungen hiervon zeigen krankhafte Störungen an. Da der Mensch ständig Wärme an die kühlere Umgebung, in der er sich aufhält, abgibt, muß dem Körper dauernd Wärme zugeführt werden, die durch Zersetzung der aufgenommenen Nahrung erzeugt wird. Der Wärmeverlust wird durch innere Wärmezufuhr stets derart ausgeglichen, daß die Körpertemperatur auf gleicher Höhe erhalten bleibt. Diese wichtige Eigenschaft des menschlichen Organismus, trotz der wechselnden Temperatur- und Feuchtigkeitsverhältnisse der umgebenden Luft, das Wärmegleichgewicht aufrecht zu erhalten, nennt man „selbsttätige Wärmeregelung".

Der menschliche Körper ist aber gegenüber dauernder übermäßiger Wärmeentziehung, wie sie z. B. während der kalten Jahreszeiten leicht stattfindet, recht empfindlich. Professor Kißkalt[1] führt die große Sterblichkeitsziffer in den letzten Jahren des Krieges neben der Unterernährung hauptsächlich auf die durch Unterbeheizung der Wohnräume hervorgerufenen Erkältungskrankheiten zurück. Die ausreichende Versorgung

---

[1] Kißkalt, Der Einfluß der gegenwärtigen Heizungsverhältnisse auf die Gesundheit. Ges.-Ing. 1920, S. 595.

unserer Wohnstätten mit Wärme muß daher als ein erster Grundsatz der Volkshygiene bezeichnet werden.

Aber auch zu viel Wärme wirkt schädlich, wie z. B. im Sommer. Die im menschlichen Körper überschüssig erzeugte Wärmemenge kann infolge der hohen Temperaturen und dem vielfach hohen Feuchtigkeitsgehalt der Luft nicht genügend an die Umgebung abgegeben werden. Man spricht alsdann von „Wärmestauung". Da in den wärmeren Jahreszeiten die Entwärmung des menschlichen Körpers zum größten Teil durch Wasserdampfabgabe geschieht, spielt die Aufnahmefähigkeit der Luft für Feuchtigkeit eine große Rolle. Durch zu feuchte Luft wird die Wasserdampfabgabe stark beeinträchtigt. Die Folgen der sich hieraus ergebenden Wärmestauung sind: Übelkeit, Erbrechen, Ohnmachtsanfälle usw., wie dies in überfüllten und ungenügend gelüfteten Sälen vielfach beobachtet wird. Das Unbehagen bei Gewitterschwüle im Sommer ist ebenfalls eine Folge des hohen Feuchtigkeitsgehaltes der Luft. Trockene Luft höherer Temperatur kann leichter ertragen werden, da sie die Entwärmung des menschlichen Körpers durch Wasserdampfabgabe noch ermöglicht. Gerade über den Feuchtigkeitsgehalt der Luft bestehen in vielen Volkskreisen recht verwirrte Ansichten. Dies geht schon aus dem Bestreben hervor, bei allen Heizvorrichtungen als Tat von vermeintlich hygienischer Bedeutung Wasserverdampfungsschalen anzubringen. Zu feuchte Luft ruft Trägheit und Arbeitsunlust hervor, zu trockene reizt die Schleimhäute der Atmungsorgane durch übermäßig starke Feuchtigkeitsentziehung, immerhin ist trockene, warme Luft besser zu ertragen als feuchte. Nach den bisherigen Erfahrungen soll die relative Feuchtigkeit der Zimmerluft bei normaler Temperatur nicht unter 40 und nicht über 80 v.H betragen. Die Aufstellung von Wasserverdampfungsschalen in den Wohnräumen ist im allgemeinen nicht erforderlich, es sei denn, daß man zur Erhaltung von Kunstgegenständen und Möbeln, die sehr leicht durch Austrocknung Schaden erleiden, zur Einhaltung eines gewissen Feuchtigkeitsgrades gezwungen ist.

Die Verschlechterung der Luft durch die Ausatmungs- und Ausdünstungsprodukte ist meist belanglos, da bei geschlossenen Räumen im Winter Erneuerungsluft durch die Undichtigkeiten der Umfassungswände (Fensterspalten usw.)

eintritt (natürlicher Luftwechsel). Bei stärkerer Inanspruchnahme der Räume genügt zeitweiliges Öffnen der Fenster. Die Lüftungsdauer wird an kalten Tagen bei Schlafzimmern gern übertrieben, wodurch die Wände auskühlen, was zur Folge hat, daß der Raum mit einem verhältnismäßig großen Brennstoffaufwand wieder hochgeheizt werden muß. Es ist daher aus wirtschaftlichen Gründen zu empfehlen und für den hygienischen. Zweck völlig ausreichend, die Lüftungsdauer dieser Räume in der kalten Jahreszeit nicht über $\frac{1}{4}$ bis $\frac{1}{2}$ Stunde auszudehnen.

Neben diesen Fragen allgemeiner Natur steht die Beeinflussung der Luft durch hochtemperierte Heizflächen. Die ersten Klagen wurden mit der Einführung der Zentraldampfheizung laut. Professor Nußbaum[1]) wies als Ursache nach, daß bereits bei einer Oberflächentemperatur von 60—70° C trockene Destillation des an den Heizkörpern anhaftenden Staubes eintritt, eine Erscheinung, die auch den brenzlichen Geruch und, infolge Reizung der Schleimhäute, das bekannte Gefühl trockener Luft hervorruft.

Die innere Ursache, daß sich eine derartige Luftverschlechterung überhaupt bemerkbar machen konnte, lag jedoch in der früher üblichen Rippenheizkörperart begründet. Diese, schon an und für sich sehr schwer reinigungsfähige Heizkörperform, pflegte man dazu noch mit völlig unsachgemäßen Heizkörperverkleidungen zu umgeben. So wurden Ablagerungsstätten für Schmutz und Staub geschaffen. Dieser setzte sich in Form einer dicken Kruste zwischen den Heizröhren ab. Unter diesen Umständen konnte die gesundheitsschädliche Verschlechterung der Luft durchaus nicht verwundern. Von den Gegnern des eisernen Ofens wurden nun die geschilderten Verhältnisse einfach auf den Eisenofen übertragen, da ja seine Oberflächentemperatur meist 100° übersteigt. Hierbei wurde jedoch nicht berücksichtigt, daß der von allen Seiten leicht zugängliche und leicht reinigungsfähige eiserne Wohnzimmerofen hauptsächlich nur glatte, senkrechte Heizflächen besitzt, an denen Staub schwer haften bleibt. Hiermit ist dem Vorwurfe der Staubversengung im vorhinein der Boden entzogen.

---

[1]) Nußbaum, Der gesundheitliche Wert niedrig temperierter Heizöfen für Schulzimmer. Ges.-Ing. 1904, S. 221.

Obwohl der eiserne Ofen eine mehrere Jahrhunderte alte Geschichte hinter sich hat, ist eine Luftverschlechterung im früher beschriebenen Sinne weder bemerkt, noch nachgewiesen worden.

Von den Gegnern des eisernen Ofens wird immer wieder die Behauptung aufgestellt, daß seine Eisenwandungen im rotglühenden Zustande Kohlenoxydgase hindurchlassen. Dies ist ebenso unwahr wie unsinnig. Obwohl der eiserne Ofen große Überanstrengungen ohne Schaden ertragen kann, soll jedoch Rotglut aus Gründen der Haltbarkeit vermieden werden. Deshalb werden die Eisenwandungen bei guten Öfen (z. B. Irischen Öfen) durch starke Schamotteausmauerungen geschützt, so daß Rotglut überhaupt nicht auftreten kann.

In neuerer Zeit ist festgestellt worden, wie im nächsten Abschnitt ausgeführt ist, daß die hohen Oberflächentemperaturen den eisernen Ofen ganz besonders befähigen, einen der wichtigsten hygienischen und auch wirtschaftlichen Grundsätze zu erfüllen.

2. Vorgang der Wärmeübertragung an die Raumluft.

Der eiserne Ofen besteht aus zwei wichtigen Hauptteilen, die verschiedene Aufgaben zu erfüllen haben.

    1. aus der Feuerung,
    2. aus dem Ofen als Heizvorrichtung.

Ein weiterer meist unterschätzter Teil ist noch der Schornstein. Die für die Feuerung maßgebenden Gesichtspunkte werden im Abschnitt I/4. „Der Schornstein bei Hausfeuerungen" im Abschnitt I/6 behandelt.

Bisher hat man im allgemeinen angenommen, ein Ofen sei vollkommen, wenn die Feuerung eine gute Brennstoffausnutzung gewährleistet. Während man vielfach das ganze Gewicht auf die Durchkonstruktion der Feuerung legte, ist der Ofen als Heizkörper, der den Raum zu erwärmen hat, oft vernachlässigt worden. Ein Ofen, der feuerungstechnisch ganz gut arbeitet, kann unter Umständen als Heizkörper unhygienisch und unwirtschaftlich sein.

Zur Aufklärung der Verhältnisse muß kurz auf die Art und Weise eingegangen werden, wie die Raumbeheizung zustande kommt. Die Oberfläche bzw. Heizfläche eines Ofens besitzt

10

wesentlich höhere Temperaturen als die Raumluft. Dadurch tritt der Wärmeübergang von dem Ofen an den Raum ein, und zwar auf zweierlei Weise:

    1. durch Strömung,
    2. durch Strahlung.

Der Wämeübergang durch Strömung.

Der Wärmeübergang durch Strömung der Luft geschieht wie folgt: (s. Abb. 1.)

Die unmittelbar an den hochtemperierten Heizflächen des Ofens befindliche Luft erwärmt sich, dehnt sich aus und steigt, da sie dadurch leichter wird, in der gezeichneten Weise bis in die Nähe der Decke empor. An den Außenwänden tritt der umgekehrte Fall ein. Dort kühlt sich die Luft ab, wird schwerer und fällt zum Fußboden herunter. Es kommt dann der in Abb. 1 angegebene

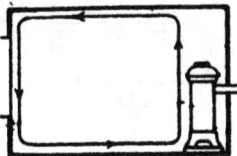

Abb. 1.

Kreislauf der Luft zustande. Es steigt also die warme Luft am Ofen hoch, streicht an der Decke entlang, um abgekühlt an den Außenwänden und Fenstern herunterzufallen. Der kalte Luftstrom zieht nun am Fußboden entlang zum Ofen zurück, wo der Kreislauf von neuem beginnt. Aus diesem einfachen physikalischen Vorgang kann nun folgende wichtige Lehre gezogen werden: Durch Strömung wird ein Raum vorzugsweise in den höheren Luftschichten (an der Decke) erwärmt, während er in der Aufenthaltszone des Menschen kühl bleibt. Man kann in Kopfhöhe recht erträgliche Raumtemperaturen feststellen und dennoch ein Kältegefühl haben, weil der Fußboden kalt ist. Der Präsident des Sächsischen Landes-Gesundheitsamtes, Herr Geheimrat Dr. Weber[1]), Dresden, hält die Heizungsfrage vom hygienischen Standpunkte aus für gelöst, wenn es gelingt, Ofenkonstruktionen zu schaffen, die den Fußboden erwärmen. Prof. Dr. Brabbée[2]) drückt dasselbe in den Worten aus: „Warme Füsse, kühler Kopf".

---

[1]) Weber, Die Bedeutung der Heizung in gesundheitlicher Beziehung.

[2]) Rietschel-Brabbée, Heiz- und Lüftungstechnik Bd. 1, S. 2, Verlag Julius Springer, Berlin 1922.

Diese Aufgabe wird nun von dem eisernen Ofen durch seine vorzügliche Strahlungswirkung besonders gut gelöst.

Die Wärmeübertragung durch Strahlung.

Diese Art des Wärmeüberganges ist in Volkskreisen weniger bekannt, weil sie ein gewisses physikalisches Verständnis voraussetzt. Genau wie eine Gasflamme oder eine elektrische Birne Licht und auch Wärmestrahlen nach allen Seiten aussendet, genau so sendet ein Ofen (gemäß Abb. 2) seine Wärmestrahlen in den Raum hinein, unabhängig davon, ob in diesem Luft vorhanden ist oder nicht. Physikalisch sind Licht- und Wärmestrahlen dasselbe, nur mit dem Unterschied, daß letztere unsichtbar sind, und nur durch das Gefühl wahrgenommen werden. Der Raum wird von diesen dunklen Wärmestrahlen erfüllt. Sie sind am dichtesten und wirksamsten am Fußboden bis zu einer Höhe von 1,5 m (Ofenhöhe). In dieser Raumzone wird der Mensch unmittelbar von den Wärmestrahlen[1]) getroffen, die dann als Wärme empfunden werden. Dies ist um so mehr von Bedeutung, da der eiserne Ofen bei einigermaßen günstiger Aufstellung im Raum über die Hälfte seiner Wärme durch Strahlung abgibt.

Abb. 2.

Die Anordnung gut strahlender Heizkörper an den Innenwänden ist bei weitem nicht so ungünstig, wie man das bisher aus Unkenntnis angenommen hat. Die durch Strömung der Luft am Fußboden hervorgerufenen Zugerscheinungen werden durch die Strahlungswirkungen erheblich abgeschwächt, oder gar ausgeglichen.

Die gegen den eisernen Ofen immer wieder angeführte „lästige strahlende Wärme" stellt sich, wie in neuerer Zeit immer mehr anerkannt wird, als einer seiner bedeutendsten Vorzüge heraus. Die strahlende Wärme wirkt erst dann unangenehm, wenn die Lufttemperatur zu hoch ist, oder, kurz gesagt, der Raum an und für sich überheizt ist.

---

[1]) Die in dieser Zone hauptsächlich senkrecht vom Ofen ausgehenden und auf den Körper senkrecht auftreffenden Wärmestrahlen entfalten in dieser Richtung die stärkste Wärmewirkung.

12

Die eisernen Öfen besitzen den Vorzug, einen Raum fast augenblicklich zu erwärmen. Bereits kurz nach dem Anfeuern kann man sich im Raum aufhalten, trotzdem die Luft selbst noch nicht die erforderliche Temperatur angenommen hat. Die Ursache ist hier wiederum die strahlende Wärme, die in demselben Augenblick in Wirkung tritt, sobald die Heizflächen des Ofens erwärmt sind.

Der eiserne Ofen hat den Vorzug geringer Platzbeanspruchung. Dies wird ihm aber meist zum Verhängnis und ist die Ursache, daß man ihn in dem unmöglichsten Winkel zwischen Möbelstücken eines Raumes unterbringt, so daß er seine freistrahlende Wirkung nicht gut entfalten kann. Ein eiserner Ofen muß nach dem Vorausgegangenen so aufgestellt werden, daß seine Wärmestrahlen einen möglichst großen Teil des Fußbodens bestreichen können.

3. Die Brennstoffe und ihre Verwendung.

In allen Haushaltungen spielt in der heutigen Zeit die Kohlenfrage eine große Rolle. Vor dem Kriege kam es wegen der Billigkeit und des Überflusses an Brennstoffen weniger darauf an, vorteilhaft zu wirtschaften; heute hingegen verschlingen die Heizungskosten wesentliche Beträge des Einkommens.

Hausfrauen und Haushaltungsvorstände sind daher darauf angewiesen, beim Verbrauche der Brennstoffe recht sparsam vorzugehen. Um dies zu erreichen, sind gewisse Kenntnisse erforderlich, um die Brennstoffe sowohl vorteilhaft einkaufen, als auch in den Feuerungen wirtschaftlich verbrennen zu können. Es ist erwiesen, daß bei richtiger Wahl der Brennstoffe und richtiger Bedienung der Heizungsvorrichtungen bedeutende Ersparnisse gemacht werden können.

Zuerst ist einiges über die Brennstoffe im allgemeinen zu sagen, woraus sich wertvolle Richtlinien für den Einkauf und für den Verwendungszweck ergeben.

Genau wie es möglich ist, Warenmengen nach Kilogramm, Längen nach Metern zu messen, genau so ist es möglich, auch die Wärmemengen zu messen, die in irgend einem Brennstoff schlummern. Allerdings ist der Laie niemals in der Lage, derartige Messungen selbst vornehmen zu können. Hierzu dienen schwierige physikalische und chemische Methoden, die nur der Fachmann ausführen kann. Hier genügt es zu wissen, daß wir zur Messung der Wärmemengen ebenfalls einen Maßstab besitzen, der gestattet, die in irgend einem Brennstoff enthaltenen Wärmemengen in Zahlen auszudrücken.

An Stelle des Kilogramms bei Gewichtsmessungen oder des Meters bei Längenmessungen tritt hier die Wärmeeinheit (abgekürzt geschrieben WE).

Die Zahlentafel 1 gibt die Wärmemengen, in Wärmeeinheiten ausgedrückt an, die in je einem Kilogramm verschiedener Brennstoffe enthalten sind. Diese in der letzten Spalte eingetragenen wichtigen Zahlen nennt man den Heizwert eines Brennstoffes. Aus dem Begriff „Heizwert" geht schon hervor, daß er dazu dient, die Güte eines Brennstoffes zu bewerten.

Zahlentafel 1.

Heizwerte.

Wärmemengen, die aus 1 kg Brennstoff gewonnen werden können.

Feste Brennstoffe.

Reiner Kohlenstoff C.	8100 WE
Anthrazit	8000 „
Steinkohle.	7000 „
Koks	6800 „
Braunkohlenbriketts	4500 „
Rohbraunkohle.	2500 „
Torf (lufttrocken)	3600 „
Holz (lufttrocken)	3000 „

Flüssige Brennstoffe.

Gasöl	10000 WE
Teeröl.	9000 „
Benzol	9000 „
Spiritus	7000 „

Gasförmige Brennstoffe.

Leuchtgas	11000 WE
Wasserstoff	34200 „
Kohlenoxyd	2400 „

Es fällt sofort auf, daß 1 kg Rohbraunkohle eine wesentlich geringere Wärmemenge enthält als die gleiche Menge Braunkohlenbriketts oder Steinkohle. Obwohl Steinkohle, Anthrazit oder Koks, nach Gewicht eingekauft, wesentlich teurer sind, als minderwertige Brennstoffe wie Braunkohlen oder Braunkohlenbriketts, so ist hiermit noch nicht gesagt, daß die Steinkohle auch tatsächlich teurer ist; denn wir kaufen in Wirklichkeit ja nur die, in dem Brennstoff enthaltenen Wärmemengen. Von diesem Standpunkte aus bekommen wir ein ganz anderes Bild.

Aus Zahlentafel 2 ist zu ersehen, daß man, um die Wärmeleistung, die 1 kg Koks oder Steinkohle ergibt, zu erzielen, das 1,6fache Gewicht an Braunkohlenbriketts, das nahezu dreifache an Rohbraunkohle und das rund zweifache an Torf aufzuwenden hat.

Zahlentafel 2.

Eine Gewichtsmenge an Koks oder Steinkohle ist gleichwertig der

1,6fachen Gewichtsmenge von Braunkohlenbriketts,
2,8   „   „   „   Rohbraunkohle,
1,9   „   „   „   Torf,
2,3   „   „   „   Holz.

Da insbesondere die minderwertigen Brennstoffe (Brennstoffe mit geringem Heizwert) wegen ihres hohen Gewichtes große Frachtkosten verursachen, so ist ihre Verwendung nur im engbegrenzten Umkreis ihrer Abbaustätten wirtschaftlich.

So z. B. gestalten sich für den Ort Berlin die Preise im Monat Juni 1922 wie folgt:

1 Ztr. Koks oder Steinkohle kostet . . . . M. 108
1 Ztr. Rohbraunkohle kostet . . . . „ 41

Da man 2,8mal mehr Braunkohle verfeuern muß als Koks oder Steinkohle, so sind die Preise 2,8 × 41 = M. 115 und M. 108 zu vergleichen.

Der Preisunterschied ist also sehr gering und es empfiehlt sich stets aus Gründen, die späterhin erörtert werden, den hochwertigen Brennstoff vorzuziehen, selbst dann, wenn größere Preisunterschiede zugunsten des minderwertigen Brennstoffes sprechen.

Für Braunkohlenbriketts stellt sich das Verhältnis wie folgt:

Der Berliner Preis betrug im Juni 1922 für den Ztr. M. 65. Da laut Zahlentafel 2 die 1,6fache Gewichtsmenge statt Koks oder Steinkohle erforderlich wird, ist der diesem gegenüber zu stellende Preis 1,6 × 65 = M. 104.

Braunkohlenbriketts sind daher in Berlin im Betrieb nur unwesentlich billiger als Steinkohle oder Koks.

Die Preisgestaltung für den Ort Dessau ist folgende:

1 Ztr. Koks oder Steinkohle kostet . . . . . . M. 97
1 Ztr. Rohbraunkohle kostet . . . . „ 24

Da man laut Zahlentafel 2 für gleiche Wärmeleistung die 2,8fache Menge an Rohbraunkohle aufzuwenden hat als an Koks oder Steinkohle, so sind die Preise 2,8 × 24 = M. 67 für Rohbraunkohle dem Zentnerpreis von M. 97 für Koks oder Steinkohle gegenüberzustellen. Der Wärmepreis ist hiernach für Rohbraunkohle wesentlich billiger.

Obwohl die angegebenen Preise heute längst überholt sind, so bleiben die Verhältnisse bei anderen Preislagen doch sinngemäß dieselben.

Hochwertige feste Brennstoffe.

Hochwertige Brennstoffe sind Steinkohle und Koks. Die Steinkohlen zerfallen:

      a) in gasreiche,
      b) in gasarme Brennstoffe.

Die gasreichen Kohlen werden bekanntlich in Gasanstalten zur Leuchtgasfabrikation benutzt. Die Kohlen werden dort in geschlossenen Behältern gewissermaßen geröstet, um die Gase auszutreiben. Der übrig bleibende Rest ist der Koks, der nur noch wenig Gase enthält und deshalb als gasarm bezeichnet wird.

Verbrennt man gasreiche Kohlen, wie Gaskohle, Gasflammkohle, Fettkohle in häuslichen Feuerungen, so tritt beim Anheizen ähnliches wie bei der Gasfabrikation ein. Zuerst entweichen die gasförmigen Bestandteile, die mit langer Flamme verbrennen. Je größer der Gasgehalt, um so länger die Flamme. Man spricht daher auch von langflammigen Brennstoffen.

16

Will man derartige Kohlen wirtschaftlich verbrennen, d. h. den höchstmöglichen Wert der in der Zahlentafel 1 angegebenen Wärmemengen herausholen, so dürfen die Flammen auf ihrem Wege nicht abkühlen, solange sie, bzw. ihre Gase, nicht ausgebrannt sind.

Entweichen die Gase unverbrannt, so bedeutet dies eine beträchtliche Verringerung des in der Zahlentafel 1 angegebenen Heizwertes. Die Feuerung würde in diesem Falle recht unwirtschaftlich arbeiten. Daneben tritt starke Rußbildung auf. Auch können sich teerartige Produkte in den Zügen und Rauchrohren niederschlagen, die wegen der wertvollen Bestandteile bei der Leuchtgasfabrikation zwar erwünscht sind, sich aber bei unseren Feuerungen recht unangenehm bemerkbar machen.

Um bei gasreichen Brennstoffen diese lästigen Nebenerscheinungen zu vermeiden, empfiehlt sich beim Anheizen der in dem nächsten Abschnitt (Seite 24) näher beschriebene Abbrand von oben nach unten.

Am einfachsten lassen sich die hochwertigen gasarmen Brennstoffe, wie Anthrazit, Magerkohle und Koks verwenden. Da sie nur wenig Gase enthalten, verbrennen sie mit kurzer Flamme. Sie gestatten Dauerbrand, hinterlassen wenig Asche und ihr Gewicht ist im Verhältnis zum Heizwert gering. Die Bedienung der Feuerung wird dadurch auf das geringste Maß herabgesetzt.

Für die wirtschaftliche Verbrennung spielt die Stückgröße der Brennstoffe eine große Rolle. Ist sie zu groß, so brennt der Brennstoff zu schnell weg, ist sie zu klein, bietet sie dem Eindringen der Verbrennungsluft und dem Abführen der Verbrennungsprodukte (Rauchgase) zu großen Widerstand. In diesem Falle tritt leicht unwirtschaftliche, unvollkommene Verbrennung ein. (Hierüber im nächsten Abschnitt.)

Bei staub- oder grußförmigen Brennstoffen wird das Feuer ausgelöscht oder gelangt gar nicht zur Entzündung. Diese Brennstoffe erfordern Spezialfeuerungen.

Die übliche Einteilung der Brennstoffe nach Stück- oder Korngrößen, worunter man den ungefähren Durchmesser der einzelnen Stücke in mm versteht, ist in Zahlentafel 3 wiedergegeben.

Zahlentafel 3.
Anthrazit und Magerkohlen.

Nußkohle I	50 bis 80 mm	Korngröße
„ II	25 „ 50 „	„
„ III	15 „ 25 „	„
„ IV	8 „ 15 „	„
Perlkohlen V	6 „ 10 „	„

Gewaschene melierte Kohlen Nuß III und IV gemischt

Nußgrußkohlen	4 bis 8 mm	Korngröße
Feinkohlen	0,4 „ 0,8 „	„

Koks.

Brechkoks I	50 bis 80 mm	Korngröße
	60 „ 100 „	„
	70 „ 100 „	„
„ II	30 „ 50 „	„
	40 „ 60 „	„
	40 „ 70 „	„
„ III	20 „ 30 „	„
	20 „ 40 „	„
„ IV	10 „ 30 „	„

Minderwertige Brennstoffe.

Minderwertige Brennstoffe sind Braunkohle, Torf und Holz. Sie sind, abgesehen von der sogenannten Feuerkohle, (gasarme Braunkohle) gasreich. Es gilt für sie daher sinngemäß dasselbe, was früher über gasreiche Brennstoffe gesagt worden ist. Auf ähnlichem Wege wie bei der Leuchtgasfabrikation werden diese Brennstoffe vergast oder verschwelt. Dabei ergeben sich sehr wichtige chemische Stoffe, die sich bei der Steinkohlenvergasung nicht gewinnen lassen.

Der Rückstand vom Holz ist die bekannte Holzkohle, bei Braunkohle der Grudekoks. Dieser hat einen guten Heizwert. Es lohnt sich daher seine Verfrachtung auf weitere Entfernungen. Da er staub- bzw. grußförmig ist, muß er in Spezialfeuerungen verbrannt werden. Mit Erfolg wird er in den sogenannten Gruden oder Grudeherden verwendet.

Die wirtschaftliche Verbrennung der Rohbraunkohle wird sehr erschwert durch den großen Wassergehalt, der bis zur Hälfte des Gesamtgewichtes betragen kann, ohne daß sich dieser

18

Brennstoff feucht anfühlt. Die Rohbraunkohle bereits an der Abbaustelle auszutrocknen, ist nicht ratsam, da sie beim Transport staub- oder grußförmig auseinanderfallen würde. Wird die Rohbraunkohle während des Sommers in abgedeckten Räumen gelagert, so verliert sie einen Teil ihrer Feuchtigkeit und der Heizwert nimmt wesentlich zu.

Man veredelt die Braunkohle zu Braunkohlenbriketts. Diese besitzen einen höheren Heizwert und können daher billiger und infolge ihrer Stückform besser verfrachtet werden.

Die übliche Größe der rechteckigen Form der Briketts ist für die Verfeuerung unwirtschaftlich. Die Briketts sind daher vor ihrer Verbrennung zu zerkleinern.

Für Torf gilt dasselbe wie für Braunkohle. Es gibt sehr gute Spezialfeuerungen, in denen beide Brennstoffe mit großer Wirtschaftlichkeit verwendet werden können.

Zwischen der minderwertigen Rohbraunkohle und den hochwertigen Steinkohlen gibt es noch die verschiedensten Spielarten, die sich je nach ihrem Heizwerte den Eigenschaften der Stein- und Rohbraunkohle nähern. Dementsprechend sind diese Zwischensorten bei der Verfeuerung entweder mehr in dem einen oder anderen Sinne zu behandeln.

Auswahl und Verwendung der Brennstoffe.

Zweckmäßige Brennstoffe für Hausfeuerungen sind Magerkohle und Koks in Stückgrößen von 20 bis 40 mm.

In irischen Öfen lassen diese Brennstoffe unter geringem Aufwande an Bedienung einen vorzüglichen Dauerbrand zu. Man kann jedoch in dieser Ofenart bei entsprechender Vorsicht auch andere Korngrößen und andere Brennstoffe benutzen. Ist der Brennstoff sehr grobstückig, so wird zu schnelles Wegbrennen durch Auflegen von grußartigen Abfällen oben auf die Glut verhindert. Bei geringeren Korngrößen muß die Brennstoffschicht entsprechend klein gehalten werden. Es ist dann öfteres Nachlegen erforderlich. Ist der Brennstoff zu kleinkörnig, so fällt er durch den Rost hindurch. Jedoch kann man den feinkörnigen Brennstoff verfeuern, wenn er gröberem zugesetzt wird.

Auch gasreiche Kohlen lassen sich bei entsprechender Bedienung in irischen Öfen verbrennen (Siehe S. 85). Geeignete Brennstoffe sind Eierbriketts, halb zerschlagene Braunkohlenbriketts, stückige Förderkohle. Sogar Rohbraunkohle, wenn sie in Stücken nicht unter 40 mm eingebracht wird, ist verwendbar. Allerdings erfordert die wirtschaftliche Verbrennung eine schärfere Überwachung.

In Gegenden, wo Torf, Rohbraunkohle oder Holz ausreichend und billig zur Verfügung steht, greife man zu Spezialfeuerungen (siehe S. 87), die den Eigenschaften des betreffenden Brennstoffes Rechnung tragen und dadurch die Bedienung auf das geringste Maß zurückführen.

Der sogenannte Amerikanische Dauerbrandofen erfordert die geringste Bedienung. Er ist ein Spezialofen für den hochwertigen Brennstoff Anthrazit, der in Stückgrößen von 20 bis 40 mm eingebracht werden muß.

4. Verbrennung und Wirtschaftlichkeit der Feuerungen.

Die Verbrennung ist ein Vorgang, bei dem die brennbaren Bestandteile eines Brennstoffes mit dem in der Luft enthaltenen Sauerstoff chemische Verbindungen eingehen. Der vorher feste Brennstoff wird vollständig in Gase (Rauchgase) umgewandelt. Nur die nicht brennbaren Bestandteile bleiben als Asche zurück. Bei der geschilderten chemischen Umsetzung werden bedeutende Wärmemengen entwickelt, die in Zahlentafel 1 des vorigen Abschnittes angegeben sind.

Die Hauptträger dieser Wärmemengen sind die Rauchgase, die mit sehr hohen Temperaturen den Brennstoff verlassen. Jeder Ofen muß nun so eingerichtet sein, daß er den Rauchgasen die in ihnen enthaltene Wärme entzieht und dem Raum zur Heizung zuführt. Zu diesem Zweck muß ein Ofen genügend große Oberflächen (Heizflächen) besitzen, an denen innerhalb des Ofens die Rauchgase vorbeistreichen und ihre Wärme abgeben. Diese wird durch die Heizfläche hindurch an die Zimmerluft übertragen. Sind die Heizflächen eines Ofens zu klein, so können die Rauchgase ihre Wärme nicht ausreichend an die Raumluft übermitteln. Sie entweichen dann mit sehr hohen Temperaturen in den Schornstein. Auf diese Weise gehen bedeutende Wärmemengen zum Schornstein hinaus, die für die Raumheizung verloren sind.

Für die wirtschaftliche Beheizung eines Raumes ist daher die richtige Wahl der Größe eines Ofens von besonderer Bedeutung.

20

Ein Teil der in der Feuerung entwickelten Wärmemengen wird, da der Brennstoff sich in Glut befindet, unmittelbar durch Strahlung und auch durch Berührung an die Wandungen des Feuerraumes abgegeben.

Die gasarmen Brennstoffe bestehen meist aus reinem Kohlenstoff, der durch geringe Beimengungen von Asche verunreinigt ist.

Der Kohlenstoff (C)[1]) verbrennt, indem er aus der dem Ofen zugeführten Verbrennungsluft den Sauerstoff (O_2)[1]) aufnimmt, zu Kohlensäure (CO_2)[1]). Wenn es gelingt, den Kohlenstoff restlos in Kohlensäure überzuführen, dann erreicht man die bestmöglichste Ausnutzung des Brennstoffes. Da die chemische Vereinigung zweier Stoffe (hier Kohlenstoff und Sauerstoff) stets in ganz bestimmten Gewichtsverhältnissen vor sich geht, so ist dem Brennstoff so viel Sauerstoff (bzw. Luft) zuzuführen, als die Kohlensäure zu ihrer Bildung nötig hat. So z. B. erfordert 1 kg Kohlenstoff genau 2,67 kg Sauerstoff entsprechend 11,5 kg Luft, die bei Zimmertemperatur einen Raum von 9,6 cbm einnehmen. Da diese Luftmenge gerade die zur Verbrennung an Kohlenstoff theoretisch erforderliche Sauerstoffmenge enthält, bezeichnet man sie als „theoretische Luftmenge".

Weil die verschiedenen Brennstoffe in ihrem Kohlenstoffgehalt und dem Gehalt an anderen brennbaren Bestandteilen stark schwanken, so ist die zur vollkommenen Verbrennung erforderliche theoretische Luftmenge pro 1 kg eines jeden Brennstoffs verschieden (siehe Zahlentafel 4).

Zahlentafel 4.

Für 1 kg Brennstoff erforderliche theoretische Luftmenge:

| | Luftmengen in: | |
	kg	cbm v. 20° C.
Anthrazit	10,8	9,0
Steinkohle	10,7	8,9
Koks	10,3	8,6
Torf	4,4	3,7
Rohbraunkohle.	4,0	3,3
Braunkohlenbriketts	5,7	4,7
Holz	6,0	5,0

[1]) Chemische Zeichen für Kohlenstoff, Sauerstoff und Kohlensäure.

Torf, der weniger brennbare Bestandteile enthält, braucht dementsprechend auch nur eine geringere Verbrennungsluftmenge. Man erkennt, daß die Unterschiede zwischen den hochwertigen und minderwertigen Brennstoffen sehr groß sind. Wird dem Brennstoff in der Feuerung mehr oder weniger Luft zugeführt, als der theoretischen Luftmenge entspricht, so arbeitet die Feuerung um so unwirtschaftlicher, je größer die Abweichungen von dem theoretischen Wert sind.

Die Rostverhältnisse sowie die Art und Ausbildung der Feuerräume und der Reguliervorrichtungen zur Zuführung der Verbrennungsluft werden durch die geschilderten Umstände wesentlich beeinflußt. Es ist weder bei Öfen noch ganz allgemein auch bei industriellen Feuerungen möglich, diese für beliebige Brennstoffe gleich wirtschaftlich zu gestalten.

Wie bemerkt, ist die Zuführung einer zu großen oder zu geringen Verbrennungsluftmenge in gleicher Weise schädlich. Es möge der Fall betrachtet werden, daß weniger Luft zugeführt wird, als der theoretischen Luftmenge entspricht: Die Verbrennung des in den gasarmen Brennstoffen bis zu 95% vorhandenen Kohlenstoffs geht so vor sich, daß sich zuerst Kohlenoxydgas (CO) bildet. Dieses Gas, das bekanntlich sehr gefährliche Eigenschaften besitzt, braucht zu seiner Bildung nur die Hälfte des Sauerstoffes wie die Kohlensäure. Man erkennt das Kohlenoxydgas an der blauen Flamme, die man über der glühenden Brennstoffschicht eines Ofens wahrnimmt. Es verbrennt durch weitere Sauerstoffaufnahme zu der unschädlichen Kohlensäure. Hierdurch wird bereits schon klar, welcher Vorgang sich abspielt, wenn ein Sauerstoffmangel, hervorgerufen durch ungenügende Luftzufuhr, eintritt.

Es wird die Verbrennung zu Kohlensäure verhindert, und es bleibt als Endprodukt Kohlenoxyd übrig, welches mit den Rauchgasen entweicht. Man bezeichnet diesen Vorgang als unvollkommene Verbrennung. Mit dem Entweichen des Kohlenoxydes gehen auch die Wärmemengen (siehe Zahlentafel 1) verloren, die nutzbar sein könnten, wenn das Kohlenoxyd zu Kohlensäure verbrennen würde. Der Ofen arbeitet also unwirtschaftlich. Ungenügende Luftzufuhr muß daher vermieden werden.

Wird der Feuerung mehr Luft zugeführt, als theoretisch nötig ist, so wird von ihr nur so viel verbraucht, als zur Bildung von

Kohlensäure erforderlich ist, der Rest der Luft entweicht mit den Rauchgasen und vermehrt daher ihre Menge unnötig. Da, wie früher ausgeführt, die aus dem Brennstoff entwickelte Wärmemenge hauptsächlich auf die Rauchgase übertragen wird, so entweichen durch ihre Vermehrung größere Wärmemengen zum Schornstein. Die Feuerung arbeitet somit ebenfalls unwirtschaftlich. Je größer nun die Luftmengen, oder, wie man sich technisch ausdrückt, je größer der Luftüberschuß ist, um so geringer werden die Rauchgastemperaturen, da ja die Erwärmung unnötig großer Luftmengen in der Feuerung selbstverständlich eine Abkühlung zur Folge hat. Die Verringerung der Rauchgastemperaturen zieht aber weiterhin eine Verschlechterung des Wärmeübergangs durch die Heizflächen an den Raum nach sich. Es ist leicht einzusehen, daß sich dieselben Erscheinungen einstellen, wenn sogenannte Falschluft durch Undichtigkeiten der Öfen (Ritzen, undichte Türen) zu den Rauchgasen tritt und mit ihnen entweicht. Die Wirtschaftlichkeit wird durch diese Vorgänge, wie Prof. Dr. Bonin, Aachen (siehe Abschnitt II, 2), nachgewiesen hat, ganz beträchtlich vermindert. Der Käufer sollte nur solche Öfen wählen, die völlig dicht sind und bei denen die Verbrennungsluft regulierbar unter dem Rost zutritt. Bei solchen Öfen hat man es dann auch völlig und leicht in der Hand, die Verbrennung nach Bedarf und nach wirtschaftlichen Grundsätzen sicher zu regeln. Freilich sind derartige Öfen teurer, da sie eine sorgsamere Herstellung erfordern. Der einmalige Mehrpreis der Anschaffung kann aber ganz besonders in den Zeiten hoher Brennstoffpreise sehr schnell durch die tägliche Ersparnis an Brennmaterial, vorschriftsmäßige Behandlung und Bedienung solcher Öfen vorausgesetzt, wieder ausgeglichen werden. Es bleibt noch darauf hinzuweisen, daß man beim praktischen Betrieb beliebiger Feuerungen mit der theoretischen Luftmenge nicht auskommt. Um eine gute Verbrennung zu erzielen, muß der Brennstoff gut mit Luft durchspült werden, um eine möglichst innige Berührung zwischen Brennstoff und Luft herzustellen.

Hierzu ist bei gasarmen Brennstoffen etwa der 1,5fache (Luftüberschuß) Wert der in der Zahlentafel 4 angegebenen theoretischen Luftmengen erforderlich. Die gasreichen Brennstoffe, insbesondere die minderwertigen, brauchen während der

Anheizzeit einen wesentlich höheren Luftüberschuß. Bei diesen wird der Verbrennungsvorgang dadurch verwickelt, daß auch noch die gashaltigen Bestandteile und zwar in sehr kurzer Zeit verbrannt werden müssen. Letztere sind chemische Verbindungen, die vorzugsweise aus Kohlenstoff und Wasserstoff bestehen. Aus ihnen setzt sich, wie früher gesagt, vorzugsweise das Leuchtgas zusammen. Diese Gase, die man allgemein als „Kohlenwasserstoffe" bezeichnet, geben hauptsächlich Veranlassung zur Rußbildung und zur Ausscheidung teerartiger Produkte in den Zügen oder im Schornstein.

Die gasreicheren Brennstoffe erfordern zu ihrer wirtschaftlichen Verbrennung eine umsichtigere Bedienung als die gasarmen Brennstoffe (Koks, Magerkohle oder Anthrazit). Durch den später beschriebenen Abbrand von oben nach unten ist ein einfaches Mittel gegeben, bei Verwendung gasreicher Brennstoffe den Schwierigkeiten aus dem Weg zu gehen.

Der Abbrand von unten nach oben entspricht der üblichen Feuerungsweise. Auf dem Rost wird ein Holzfeuer angezündet und hierauf der Brennstoff geschichtet, der dann von unten nach oben durchbrennt. Gasarme Brennstoffe können nur auf diesem Wege verfeuert werden. Bei gasreichen Brennstoffen tritt folgendes ein:

Die Glut bildet sich zuerst auf dem Rost. Diese und die das Brennmaterial durchziehenden heißen Rauchgase erwärmen den Brennstoff, der dadurch entgast wird. Die sich entwickelnden brennbaren Gase können sich, da kurz nach dem Anheizen die oberen Brennstoffschichten nicht so schnell in Glut geraten, nicht entzünden, entweichen ungenützt in den Schornstein und rufen Ruß- und Rauchbildung hervor.

Dieser Übelstand kann bei Anwendung des Abbrandes von oben nach unten vermieden werden. In einem irischen Ofen wird der gasreiche Brennstoff in stückiger Form (Eierbriketts, halb zerschlagene Braunkohlenbriketts) bis zur normalen Füllhöhe eingebracht. Oben auf wird ein Holzfeuer entzündet. Durch seine Hitze wird die obere Brennstoffschicht entgast. Die Gase, die sich an dem Holzfeuer entzünden, erzeugen eine große Hitze. Hierdurch wird aber die darunter liegende Brennstoffschicht entgast, die wiederum in Glut gerät. So pflanzt sich zuerst die Glut und dann die Entgasung langsam und stetig bis nach unten fort. Ist die Glut bis zum Rost angelangt, dann ist der ganze Brennstoff entgast und es ist dann nur noch Koks vorhanden. Der weitere Vorgang der Verbrennung des nunmehr gasarmen Brennstoffes geht alsdann wieder von unten nach oben vor sich.

Eine weitere Quelle der Rauch- und Rußbildung ergibt sich beim Nachfüllen gasreicher Brennstoffe. Hierbei hat man zu beachten, daß nicht die ganze Glut abgedeckt werden darf, vielmehr muß ein kleiner Teil der glühenden Oberfläche frei bleiben, damit sich die aus dem nachgelegten Brennstoff entwickelnden Gase entzünden und verbrennen können.

Der gewöhnliche irische Ofen gestattet bei richtiger Bedienung eine Brennstoffausnutzung von 70 bis 80 vH. Diese Zahl wird als Nutzeffekt oder Wirkungsgrad des Ofens bezeichnet. Wird z. B. von einer Firma der Nutzeffekt von 80 vH für einen Ofen bei Verwendung von Koks garantiert, so bedeutet dies, daß aus 1 kg Koks, dessen Heizwert nach Zahlentafel 1 6800 WE beträgt, 80 vH, also 5440 WE für die Raumheizung nutzbar gemacht werden, während der Rest von 20 vH, also 1360 WE, zur Erzeugung des Schornsteinzuges nötig ist.

Man beachte beim Einkauf, daß gute Öfen und alle Spezialfeuerungen einen Wirkungsgrad von 70 bis 80 vH aufweisen sollen.

5. Die Wärmeverluste der Wohnräume und die Wahl geeigneter Ofengrößen.

Die Abkühlung der Räume geschieht hauptsächlich durch die Außenwände und Fenster. Infolge der größeren Wandstärken der unteren Geschosse eines Hauses sind hier die nach außen abgeleiteten Wärmemengen meist geringer wie bei den oberen. Für Dachgeschoßräume liegen die Verhältnisse besonders ungünstig, weil die Decken an den unbeheizten kalten Dachboden grenzen.

Der Wärmeverbrauch eines Raumes wird ausschlaggebend durch die Fenster beeinflußt. Es ist durchaus nicht gleichgültig, ob Einfach- oder Doppelfenster verwendet werden. Letztere leiten weniger als die Hälfte der Wärme nach außen wie erstere. Die Ersparnis an Wärme bei Anwendung von

Doppelfenstern ist somit sehr beträchtlich, so daß die erhöhten Anschaffungskosten sich in kurzer Zeit amortisieren.

Je besser die Beschaffenheit der Außenwände und Fenster in wärmetechnischer Hinsicht ist, desto kleinere Öfen können aufgestellt werden und desto geringer werden die Kosten für Anschaffung und Brennmaterial, wobei auch die Vereinfachung der Bedienung nicht zu vergessen ist. Das erste Erfordernis, erhebliche Wärmeersparnisse zu erzielen, ist daher die Herstellung wärmedichter Räume. Undichtigkeiten im Mauerwerk, die besonders zwischen Fensterrahmen und Mauer auftreten, sind zu beseitigen. Es ist darauf zu achten, daß die Fenster gut schließen. Sie sind gegebenenfalls mit Watterollen (Fensterdichtungen) abzudichten. Bei Windanfall machen sich Undichtigkeiten der Fenster ganz besonders unangenehm bemerkbar. Neuere Untersuchungen[1]) in dieser Richtung haben ergeben, daß die Wärmeverluste bei undichten Fenstern ganz bedeutend zunehmen.

Um die geeignete Größe eines Ofens zu bestimmen, ist die Kenntnis der oben beschriebenen Wärmeverluste eines Raumes erforderlich. Ihre zahlenmäßige Berechnung ist nicht schwierig, hingegen umständlich und zeitraubend. Es ist daher allgemein üblich, die Größen der Öfen nach dem Rauminhalt der Räume zu bemessen. Annähernd kann man auf je 100 cbm Rauminhalt für eingeschlossene Räume bei Einfachfenstern je 1,30 qm Heizfläche, bei Doppelfenstern je 0,87 qm Heizfläche rechnen. Bei Eckräumen oder erkerartig ausgebauten Räumen verdoppelt man diese Werte.

Die Berechnung der Heizfläche nach dem Rauminhalt ist jedoch nicht zuverlässig. Um die tatsächlichen Verhältnisse für gewöhnliche Räume genauer zu treffen, sind die Zahlentafeln 5 und 6 entworfen, aus denen die Heizfläche der Öfen in qm unmittelbar entnommen werden kann, wenn die Gesamtlänge der Außenwände eines Raumes, in m gemessen, bekannt ist.

Die Zahlentafeln gelten für eine mittlere Außentemperatur von $+0^0$ C und eine Raumtemperatur von $+20^0$ C. Bei der

---

[1]) Kißkalt, Einfluß von Temperatur und Winddruck auf die Selbstlüftung. Ges.-Ing. 1913, S. 853. — Raisch, die Wärmedurchlässigkeit von Fenstern verschiedener Konstruktion. Ges.-Ing. 1913, S. 99.

Berechnung der Zahlentafeln wurde darauf Rücksicht genommen, daß nicht alle Räume gleichzeitig geheizt werden, demgemäß ist die Decke und eine Innenwand als unbeheizt in Rechnung gestellt worden. Es ist weiter berücksichtigt, daß die Ofenheizung meist mit Betriebsunterbrechung während der Nacht arbeitet.

Für eiserne Öfen kann eine mittlere Belastungszahl von 2000 WE/qmStd. zugrunde gelegt werden, die etwa um 100 vH an kalten Tagen gesteigert werden kann, ohne die Wirtschaftlichkeit des Betriebes wesentlich zu beeinträchtigen. Selbstverständlich ist der Wirkungsgrad bei hohen Belastungen geringer. Es hat aber keinen Zweck, die Öfen übermäßig groß zu wählen, da sie sonst an

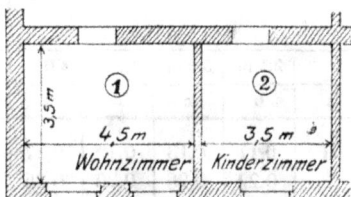

Abb. 3a. Erdgeschoß 3,50 m hoch.

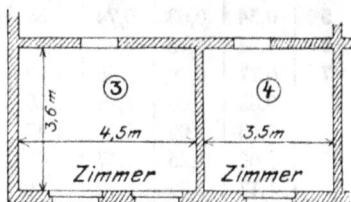

Abb. 3b. Obergeschoß 3 m hoch, darüber Dachboden.

den vielen wärmeren Tagen der Übergangszeit unwirtschaftlich arbeiten würden.

Die Anwendung der Zahlentafeln soll an Hand eines Beispiels erläutert werden.

Es sind die in der Abb. 3 angegebenen Erdgeschoß- und Dachräume eines Landhauses zu beheizen.

Raum 1. Die Raumhöhe beträgt 3,5 m; es sind Einfachfenster vorhanden.

Aus der Abbildung entnimmt man die laufenden m Außenwand zu $(3,5 + 4,5) = 8$ m.

Die Zahlentafel 5 ergibt für 8 laufende m (Spalte a) bei 3,5 m Raumhöhe in Spalte (d) 1,18 qm Heizfläche. Da ein Landhaus stets frei steht und daher starken Windanfällen ausgesetzt ist, so ist gemäß Anmerkung 1 der Zahlentafel eine Erhöhung von mindestens 15 vH erforderlich. Die Heizfläche ist daher mit 1,36 qm in Rechnung zu stellen.

Erforderliche Ofenheizflächen in qm bei Räumen mit Einfachfenstern.

	Normale[1]) Wohnräume Raumhöhe:				Dachgeschoßräume mit darüber liegendem ungeheiztem Dachboden Raumhöhe:			
	2,5 m	3,0 m	3,5 m	4,0 m	2,5 m	3,0 m	3,5 m	4,0 m
a	b	c	d	e	f	g	h	i
1	0,11	0,13	0,15	0,17	0,12	0,14	0,17	0,20
2	0,22	0,26	0,30	0,35	0,25	0,29	0,34	0,39
3	0,33	0,39	0,46	0,53	0,37	0,44	0,52	0,60
4	0,43	0,50	0,59	0,68	0,49	0,58	0,68	0,79
5	0,54	0,63	0,74	0,85	0 61	0,72	0,85	0,98
6	0,64	0,75	0,88	1,01	0,74	0,87	1,02	1,18
7	0,77	0,90	1,06	1,22	0,86	1,01	1,19	1,37
8	0,85	1,00	1,18	1,36	0,99	1,16	1,36	1,57
9	0,93	1,09	1,28	1,47	1,11	1,30	1,53	1,76
10	1,06	1,25	1,47	1,70	1,23	1,45	1,70	1,96
11	1,17	1,37	1,62	1,86	1,35	1,59	1,87	2,15
12	1,22	1,44	1,70	1,96	1,49	1,75	2,06	2,37
13	1,39	1,63	1,92	2,21	1,59	1,87	2,20	2,53
14	1,49	1,75	2,06	2,37	1,72	2,00	2,38	2,74
15	1,59	1,87	2,21	2,55	1,85	2,18	2,56	3,95

Anmerkung: Folgende Zuschläge auf die berechneten Heizflächen werden erforderlich:

15—20% bei freistehenden Häusern oder solchen, die starken Windanfällen ausgesetzt sind,

50% bei Räumen, deren Außenflächen im Verhältnis zum Rauminhalt sehr klein sind, wie dies z. B. bei den sogenannten „Berliner Zimmern" zutrifft.

10% bei Räumen, die an ungeheizte Treppenhäuser grenzen,

20% bei Räumen, welche an Durchfahrten grenzen, die von kalter Außenluft durchstrichen werden.

Raum 2. Es gelten dieselben Annahmen wie vor. Es sind 3,5 laufende m Außenwand vorhanden.

Aus der Zahlentafel entnimmt man zuerst die Ofengröße für 3 laufende m und nimmt dann den 10. Teil von 5 laufenden m, den man zu dem vorigen Wert hinzuzählt.

[1]) Wandstärken 0,4 m, Fensterfläche 35% der Außenwandfläche.

Erforderliche Ofenheizflächen in qm bei Räumen mit Doppelfenstern.

	Normale[1]) Wohnräume				Dachgeschoßräume mit darüber liegendem ungeheiztem Dachboden			
	Raumhöhe				Raumhöhe:			
	2,5 m	3,0 m	3,5 m	4,0 m	2,5 m	3,0 m	3,5 m	4,0 m
a	b	c	d	e	f	g	h	i
1	0,07	0,08	0,10	0,12	0,09	0,11	0,13	0,15
2	0,14	0,16	0,19	0,22	0,18	0,21	0,25	0,29
3	0,21	0,25	0,29	0,33	0,27	0,32	0,38	0,44
4	0,27	0,32	0,38	0,44	0,37	0,43	0,50	0,58
5	0,35	0,41	0,48	0,55	0,46	0,54	0,63	0,73
6	0,41	0,48	0,57	0,66	0,55	0,64	0,75	0,86
7	0,48	0,56	0,66	0,76	0,64	0,75	0,88	1,01
8	0,55	0,65	0,76	0,87	0,72	0,85	1,00	1,15
9	0,62	0,73	0,86	0,99	0,81	0,95	1,11	1,28
10	0,69	0,81	0,95	1,12	0,90	1,06	1,25	1,44
11	0,76	0,89	1,05	1,21	1,00	1,17	1,38	1,59
12	0,83	0,97	1,14	1,31	1,09	1,28	1,50	1,73
13	0,90	1,05	1,24	1,44	1,17	1,38	1,63	1,87
14	0,95	1,12	1,32	1,52	1,28	1,50	1,75	2,01
15	1,04	1,22	1,44	1,66	1,36	1,60	1,88	2,16

Anmerkung: Folgende Zuschläge auf die berechneten Heizflächen werden erforderlich:

15—20% bei freistehenden Häusern oder solchen, die starken Windanfällen ausgesetzt sind,

50% bei Räumen, deren Außenflächen im Verhältnis zum Rauminhalt sehr klein sind, wie dies z. B. bei den sogenannten „Berliner Zimmern" zutrifft,

10% bei Räumen, die an ungeheizte Treppenhäuser grenzen,

20% bei Räumen, welche an Durchfahrten grenzen, die von kalter Außenluft durchstrichen werden.

Es ergibt sich demnach:

für 3 lfd. m.	0,46 qm
„ 0,5 „ „	0,074 „
für 3,5 lfd. m.	0,534 qm.

---

[1]) S. Anm. Zahlentafel 5.

Unter Berücksichtigung des Windanfalles von 15 vH sind demnach rd. 0,61 qm in Rechnung zu stellen.

Raum 3. Raumhöhe 3 m. Einfachfenster vorhanden. Oberhalb der Decke befindet sich der Dachboden. Die Länge der Außenwand beträgt 3,6 + 4,6 = 8,2 laufende m.

Gemäß den Spalten (a) und (g) der Zahlentafel 5 ergibt sich eine Heizfläche von 1,19 qm. Laut Anm. 1 ist ein Zuschlag von 15 vH gerechtfertigt. Dies ergibt eine in Rechnung zu stellende Heizfläche von 1,37 qm.

Raum 4 wird sinngemäß behandelt wie Raum 3. Es ergeben sich 0,59 qm Heizfläche.

Für umfangreichere Berechnungen empfiehlt es sich, eine Zahlentafel zu benutzen, in der alle erforderlichen Zahlen und Angaben übersichtlich angeordnet sind. Zahlentafel 7 enthält als Muster die Zusammenstellung der maßgebenden Zahlen des behandelten Beispiels.

Zahlentafel 7.

Raum-Nr.	Raumbezeichnung	Einfach- oder Doppel- fenster	Außen- wand lfd. m	Heiz- fläche nach Zahlen- tafel 7 oder 8 qm	Zu- schläge für Wind- anfall	In Rech- nung gestellte Ofenheiz- fläche qm
	Erdgeschoß Höhe 3,5 m:					
1	Wohnzimmer .	E. F.	8,0	1,18	+15%	1,36
2	Kinderzimmer .	E. F.	3,5	0,53	+15%	0,61
	Dachgeschoß Höhe 3,0 m:					
3	Zimmer	E. F.	8,2	1,19	+15%	1,37
4	„	E. F.	3,5	0,51	+15%	0,59

Schließlich muß noch der sehr wichtige Begriff „Heizfläche" näher erläutert werden.

Als Heizfläche gilt der ganze Ofenkörper einschließlich Boden und Feuerraumdecke, also alle jene Flächen, die durch Strahlung (Aschenraum) erwärmt oder unmittelbar vom glühenden Brennstoff oder von den Feuergasen berührt werden. Ofenfüße und Aufsätze (Spitzen usw.) bleiben unberücksichtigt.

Verzierungen der Heizflächen (Provelierungen), die die Oberflächen vergrößern, können hingegen berücksichtigt werden. Ferner ist die Oberfläche der Rauchrohrleitung, die unmittelbar von den Feuergasen berührt wird und daher eine sehr wirksame Heizfläche darstellt, bis zum Anschluß an den Schornstein in

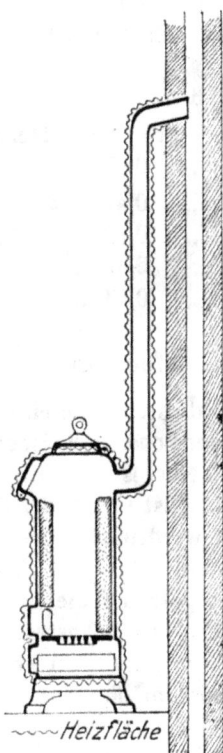 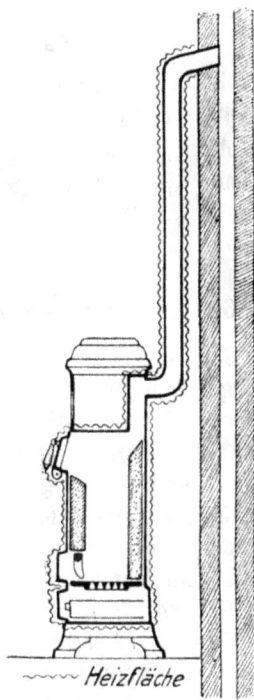

Abb. 4.   Abb. 5.

Rechnung zu stellen. Dies gilt selbstverständlich nur so weit, als die Rauchrohre in den zu beheizenden Räumen liegen. Der umrandete Teil der Abb. 4 und 5 bedeutet die in Rechnung zu stellende Heizfläche.

, Zur günstigen Ausnutzung der Rauchgase sind bei Öfen mit direkter Zugführung mindestens folgende Rohrlängen erforderlich: Bei Öfen bis 1,2 qm Heizfläche 2 m gerades Rohr und 2 Kniee, bei Öfen mit größerer Heizfläche eine vom Ofenrohrstutzen auf- und absteigende Rauchrohrleitung von zusammen etwa 3 m Länge und 4 Kniee.

Diese Angaben können als Norm gelten. Bei baulichen Abweichungen muß die angebrachte Rauchrohrlänge nach ihrer tatsächlichen Heizfläche in Rechnung gestellt werden.

Die Zahlentafel 8 enthält die nötigen Angaben zur Berechnung der Heizflächen für die gebräuchlichen Rauchrohrdurchmesser.

Zahlentafel 8.

1 m Rohr	von	110 mm	Durchm.	besitzt	0,35 qm	Heizfläche
1 Knie	,,	110 ,,	,,	,,	0,07 ,,	,,
1 m Rohr	,,	130 ,,	,,	,,	0,41 ,,	,,
1 Knie	,,	130 ,,	,,	,,	0,10 ,,	,,
1 m Rohr	,,	150 ,,	,,	,,	0,47 ,,	,,
1 Knie	,,	150 ,,	,,	,,	0,13 ,,	,,

6. Der Schornstein bei Hausfeuerungen.

Der Schornstein ist einer der wichtigsten Teile einer Feuerungsanlage. Ohne guten, leistungsfähigen Schornstein ist die beste Ofen- oder Herdkonstruktion wertlos. Leider ist diese Erkenntnis noch nicht genügend verbreitet, denn sonst würde der Schornsteinfrage mehr Beachtung geschenkt worden sein, wie bisher.

Man ist im allgemeinen der Meinung, daß der Schornstein nur zu dem Zwecke diene, die Rauchgase auf die bequemste Weise aus dem Bereiche der menschlichen Wohnstätten über Dach zu fördern. Daß es aber auch ihm (und nicht etwa dem Ofen) obliegt, die Kräfte zu erzeugen, um die Luft zur Verbrennung des Brennstoffes anzusaugen und die Rauchgase gegenüber den Widerständen im Ofen und im Schornstein fortzubewegen, wird übersehen.

Ein großer Teil —.wenn nicht der größte — aller bei Heizung von Öfen auftretenden Schwierigkeiten ist auf ungenügenden Schornsteinzug, hervorgerufen durch unsachgemäße Bauausführung oder durch mangelhafte Instandhaltung, zurückzuführen. Um die Fehler einer Schornsteinanlage beurteilen zu können, muß man sich zuerst über ihre Wirkungsweise klar sein. Sie ist ähnlich der eines Ventilators. Man wendet daher auch vielfach bei großindustriellen Feuerungen Ventilatoren an, die die Rauchgase absaugen. Zum Betriebe eines Ventilators ist Energie erforderlich, die meist in Gestalt von Elektrizität aufgewendet wird. So selbstverständlich dies auch ist, so wenig geläufig ist diese Überlegung merkwürdigerweise bei Schornsteinen, die doch auch weiter nichts sind, wie Ventilatoren, wenn auch von etwas anderer Art. Auch der Schornstein braucht, um seine Saugwirkung entfalten zu können, Energie, und zwar in Gestalt von Wärme. Diese beträgt unter günstigen Umständen — gute Ofensysteme vorausgesetzt — etwa 20 vH der im Brennstoff enthaltenen Wärmemengen, die zur Aufrechterhaltung des Zuges erforderlich sind. Bei schlechten Schornsteinen kann dieser Wärmeaufwand bedeutend höher werden. Somit wird die Schornsteinfrage in der Zeit unserer Kohlenteuerung zu einer wichtigen wärmewirtschaftlichen Angelegenheit, die die Aufmerksamkeit aller beteiligten Kreise erfordert.

Die Saugwirkung eines Schornsteines kommt auf folgende Weise zustande:

Alle Gase, hier insbesondere die Rauchgase, dehnen sich mit zunehmender Temperatur sehr stark aus und werden viel leichter als die Außenluft. In Abb. 6 ist ein

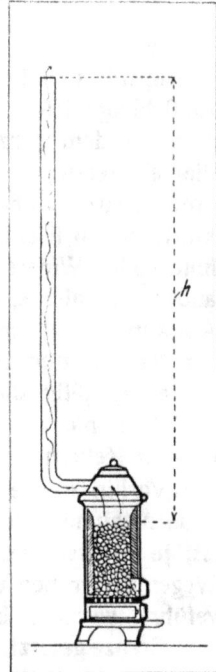

Abb. 6.

solcher Schornstein mit einer Feuerung schematisch dargestellt.

Die Luft tritt durch den Rost zum Brennstoff und veranlaßt dort die Verbrennung. Die sich über dem Rost entwickelnden Rauchgase besitzen eine Temperatur von 600—1000° C. Nachdem sie ihre Wärme zum größten Teil durch die Heizfläche des Ofens an den Raum abgegeben haben, sollen sie mit Temperaturen, die aus bestimmten Gründen[1] über 100° liegen müssen, in den Schornstein entweichen.

---

[1] Sind die Temperaturen niedriger als 100°, so schlagen sich im Schornstein, insbesondere bei Verwendung feuchter Brennstoffe, wie Braunkohle und Torf, Wasserdämpfe und auch andere Bestand-

In dem Beispiel wurde für die Außenluft eine mittlere Wintertemperatur von 0^0, für die Abzugstemperatur der Rauchgase eine solche von 150^0 zugrunde gelegt

Nun wiegt 1 cbm Luft von 0^0 $= 1{,}293$ kg
1 „ Rauchgas von 150^0 $= 0{,}835$ „
Gewichtsunterschied $= 0{,}458$ kg

Mithin sind die Rauchgase im Schornstein per cbm gerechnet rd. $0{,}46$ kg leichter als die außen befindliche Luft. Diese drückt nun mit dem ganzen Gewicht der Luftsäule *h* (siehe Abb. 6) die leichteren Rauchgase durch den Schornstein hinaus. Je größer also die Höhe *h* gewählt wird, um so größer ist die Auftriebskraft, um so leichter werden die die Bewegung der Rauchgase hindernden Widerstände überwunden. An diesen Verhältnissen ändert sich nichts, wenn sich der Ofen in einem Raum befindet. Alsdann drückt sich die Außenluft durch die Undichtigkeiten der Mauern und Fenster in den Raum hinein. Würde man letzteren völlig dicht herstellen, so könnte der Schornstein natürlich nicht ziehen. Bei größeren Feuerungsanlagen in dichten Kellern tritt dieser Fall im übrigen öfter ein.

Vorhin wurde nachgewiesen, daß neben dem Einfluß der Schornsteinhöhe die Auftriebskraft der Rauchgase um so größer ist, je leichter diese sind, d. h. je höher ihre Temperatur ist. Wegen der großen Wärmemengen, die mit den Rauchgasen fortgeführt werden, ist jedoch der Rauchgasabzugstemperatur eine Grenze gesetzt, die nicht höher als 150^0 bis 200^0 C liegen soll. Um so mehr muß man darauf bedacht sein, die Abkühlung der Rauchgase im Schornstein zu verhindern, da sie dadurch schwerer werden und den Zug stark herabsetzen.

Es ergibt sich daher die grundsätzliche Forderung, alle Schornsteine sorgfältig gegen Wärmeabgabe nach außen zu schützen. Schornsteine in den Außenwänden sind daher ein Unding. Verbreitet sind sie meist in den freistehenden Brandmauern von Gebäuden, die vielfach nicht einmal verputzt sind. Zu dem Übelstand der unmittelbaren Wärmeabgabe durch

---

teile der Rauchgase nieder, die den Schornstein stark verschmutzen, auch durch die Schornsteinwandungen hindurchdringen und so zu dem lästigen „Durchschlagen" der Wandungen Anlaß geben, deren Haltbarkeit dadurch in Frage gestellt wird.

die Schornsteinwand treten dann noch die Undichtigkeiten in den Mauerfugen, durch die der Wind pfeift, der die Rauchgase noch mehr abkühlt, so daß der Schornstein schließlich ganz versagen muß. Abhilfe hiergegen kann nur geschaffen werden durch sorgfältiges Verfugen der Mauerspalten und einen nachträglich anzubringenden teerartigen Anstrich, der die feinen winddurchlässigen Poren durchtränkt und abdichtet.

Die unmittelbare Wärmeleitung kann verringert werden durch Anbringen wärmeisolierender Schichten (z. B. 30 mm starke Glasgespinstplatten mit wetterfestem Überzug), oder durch Herunterlassen von Rohren (z. B. Ton) in den Schornstein, so daß sich zwischen Rohr- und Schornsteinwandung ein wärmeisolierender Luftzwischenraum bildet, der unter Umständen noch mit einem Stoff von geringerer Wärmeleitfähigkeit ausgefüllt werden kann. Diese Arbeiten sind schwierig und kostspielig. Sie werden meistens deshalb unterlassen, weil ein in der Außenwand liegender Schornstein, wenn er einigermaßen dicht ist, zur Not auch zieht. Es bleibt nur die Frage, mit welchen Opfern. Selbstverständlich muß die Wärme, die im Schornstein durch Abkühlung verloren geht, vom Ofen aufgebracht werden. Die Rauchgase müssen daher mit sehr hohen Temperaturen in den Schornstein entweichen. Ferner gestaltet sich das Anheizen sehr schwierig, da die Schornsteinwandungen in der Nacht auskühlen und ihre Mauermassen am anderen Morgen erst mit einem verhältnismäßig großen Wärmeaufwand hochgeheizt werden müssen, ehe der Schornstein zieht. Die hiermit verbundenen Zeitverluste und sonstigen Unannehmlichkeiten lassen sich dadurch umgehen, daß des nachts durchgeheizt wird. Für den Betrieb solcher ungünstigen Schornsteine müssen unter Umständen bis zu 70 vH und mehr der im Brennstoff enthaltenen Wärme aufgewendet werden, die also für die Raumheizung verloren sind. Hiernach mag jeder die Rentabilität seiner Schornsteinanlage oder der beabsichtigten Änderungen selbst einschätzen. Im allgemeinen liegt das Bestreben vor, die Unwirtschaftlichkeit einer Hausfeuerung auf den Herd oder Ofen selbst zurückzuführen. Dies ist falsch. Man muß Ofen oder Herd und Schornsteinanlage stets gemeinsam betrachten.

Nachdem die Wichtigkeit eines gut ziehenden Schornsteines zur Genüge dargelegt worden ist, sollen der Vollständigkeit wegen die gewöhnlich auftretenden Störungen besprochen werden. Zuerst sind hier die Mängel schlechter oder nachlässiger Bauweise zu nennen. Da ein Schornstein genau wie ein Ventilator eine gewisse Saugkraft erzeugt, um die Bewegungswiderstände der Rauchgase zu überwinden, wird man bestrebt sein, diese Kraft möglichst günstig auszunutzen, denn jedes unnötige Mehr an Kraft kostet Wärme. Es dürfte durch die vorausgegangenen Ausführungen klar geworden sein, daß selbst ungünstige Schornsteine durch eine übermäßige Wärmezufuhr zum Arbeiten zu bringen sind. Die Hauptaufgabe ist nun darin zu erblicken, diese Wirkung mit dem geringsten Wärmeaufwand zu erzielen.

Der Kraftverbrauch und somit auch der Wärmeverbrauch ist um so geringer, je kleiner die Bewegungswiderstände sind. Sie zerfallen in:

1. Reibungswiderstände,

2. Einzelwiderstände.

Unter Reibung versteht man die Widerstände, die durch Fortbewegung der Rauchgase an den Wandungen der Ofenzüge und der Schornsteine entstehen. Allerdings spielt noch die innere Reibung, d. h. die Reibung der Gasteilchen gegeneinander eine Rolle, auf die jedoch hier nicht näher eingegangen werden kann.

Die Reibung an den metallenen Flächen der Öfen und in den

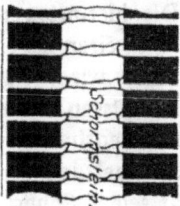

Abb. 7.
Hervorgequollene
Mörtelmassen an den
Mauerfugen.

Anschlußleitungen ist sehr gering. Auch diejenige an den Schornsteinwandungen wird meist überschätzt. Um die Reibung in normalen Grenzen zu halten, genügt es vollständig, die Mauerspalten gut und glatt zu verfugen, was aber leider vielfach unterlassen wird. Daß die aus dem Mauerwerk hervorgequollenen Mörtelmassen (Abb. 7) große Widerstände ergeben, ist ohne weiteres verständlich. Innenputz ist entgegen der bestehenden Ansicht nicht erforderlich, wenn man nicht damit eine größere Dichtigkeit des Schornsteines beabsichtigt. Durch den üblichen 3 cm starken Innenputz, der mit der Zeit doch abfällt und nicht ausgebessert werden kann, wird nur der Querschnitt verengt.

Der größte Teil der Kraftwirkung eines Schornsteines wird von den Einzelwiderständen aufgebraucht. Hierunter versteht man die Widerstände der Brennstoffschicht, der Richtungsänderungen im Ofen, in den Anschlußleitungen oder in den Schornsteinen (z. B. Krümmer, Winkel), Querschnittsverengungen usw. (Abb. 8)

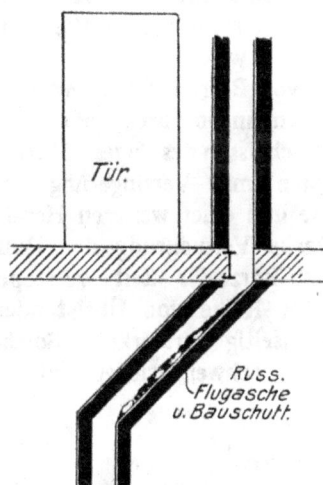

Abb. 8.
Kürzlich festgestellter praktischer Fall unsachgemäßer Ausführung eines schräg gezogenen Kamins mit Querschnittsverengung durch T-Träger. Reinigung war unmöglich, da Putztüren fehlten. Schornstein wurde nachträglich neu gradlinig hochgeführt.

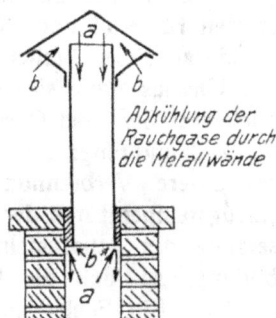

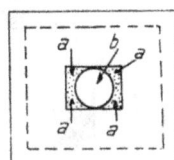

Abb. 9.
Widerstände durch einen Schornsteinaufsatz.
a) Rückstau der Rauchgase,
b) Querschnittsverengungen.

Öfen mit langen Zügen und vielen Richtungsänderungen des Rauchgasweges besitzen stets einen sehr großen Widerstand, lassen sich daher schwer anheizen.

Starke, zugstörende Wirkungen werden durch die vielfach so beliebten Schornsteinaufsätze (Abb. 9) infolge Querschnittsverengungen und Rückstau der Rauchgase hervorgerufen. Bei der Unzahl der auf dem Markte befindlichen Konstruktionen ist ihre sachgemäße Ausführung schwer zu beurteilen. Man hat mit ihnen so viele schlechte Erfahrungen gemacht, daß man vorzieht, die Schornsteine in entsprechender Höhe frei über Dach ausmünden zu lassen.

Bei der Bauausführung werden vielfach die Schornsteine ziellos hochgeführt. Liegen Türöffnungen im Wege, so wird ihnen durch starkes Schrägziehen (Abb. 8) ausgewichen.

Bei diesen unsachgemäßen Arbeiten ist es sogar vorgekommen, daß eiserne Träger quer durch den Schornstein liegen blieben (Abb. 8). Solche Einzelwiderstände sind meist Ablagerungsstätten für Ruß und Flugasche, deren sorgfältige Entfernung gerade an diesen Stellen sehr erschwert wird.

Hieraus ergibt sich eine Kette von Betriebserschwernissen. Die erste Folge sind Querschnittsverengungen durch Ablagerung von Ruß und Flugasche. Dadurch Nachlassen des Zuges. Hierauf schlechtere Verbrennung verbunden mit Verringerung der Abzugstemperaturen der Rauchgase und einer weiteren Herabsetzuhg des Schornsteinzuges, starke Vermehrung der Rußbildung, so daß die Kamine in kürzester Zeit verstopft werden. Ein Fehler zieht also eine Reihe von Übelständen nach sich, die sich dauernd gegenseitig verstärken. Solche Mängel in der Bauausführung sind schwer wieder gut zu

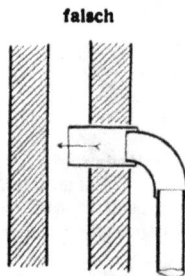

falsch

richtig

Abb. 10a.
Fehlerhafter Rauchrohranschluß, der in den Kamin hineinragt.

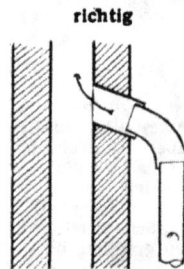

Abb. 10b.
Richtig angeordneter Rauchrohranschluß, der bündig mit der inneren Kaminwand abschneidet.

machen. Die geschilderten Folgeerscheinungen treten in ähnlicher Weise auch bei allen anderen Störungen in mehr oder minder starkem Maße auf.

Auch durch unsachgemäße Rauchrohranschlüsse können große Widerstände hervorgerufen werden. Abb. 10a und b zeigt einen vielfach vorkommenden Fall. Anstatt, daß das Anschlußrohr bündig mit der inneren Schornsteinwand abschneidet, ragt es in den Schornstein hinein und ruft hier einen solchen Widerstand hervor, daß der Ofen versagen muß.

Nicht selten ist auch die in Abb. 11a gezeichnete Anordnung der Rauchrohranschlüsse zweier in derselben Etage befindlichen

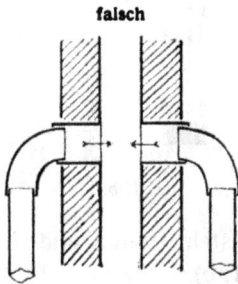

         richtig

Abb. 11 a.   Abb. 11 b.
Falsche und richtige Anordnung von Rauchrohranschlüssen zweier Öfen im selben Stockwerk.

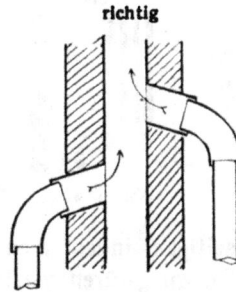

Öfen. Die beiden aufeinandertreffenden Rauchgasströme rufen einen großen Widerstand hervor. Beim Anheizen des einen Ofens werden auch oft die Rauchgase in das andere Zimmer getrieben. Abhilfe zeigt Abb. 11b.

Ein gebräuchlicher Fehler anderer Art wird öfter bei Anschluß größerer Feuerungen (z. B. Zentralheizungskesseln) in bestehenden Gebäuden begangen. Da in solchen Fällen vielfach ein Kamin nicht ausreicht, schließt man die Feuerung an zwei nebeneinander liegende Schornsteine an, wie dies in Abb. 12 angedeutet ist. Eine solche Anlage arbeitet nie. Da jeder Schornstein für sich eine saugende Wirkung ausübt, versucht der eine den anderen zu hemmen.

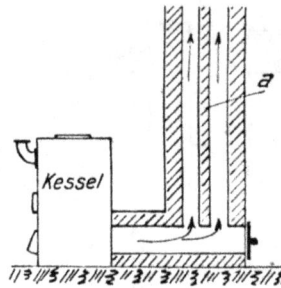

Abb. 12.
Fehlerhafter Anschluß einer Feuerung an 2 Kamine von geringerem Querschnitt. Abhilfe: Herausbrechen der Wange a.

Läuft der eine Schornstein etwas vor, so reißt er schließlich die Rauchgassäule des anderen herum und zieht Falschluft nach. Abhilfe ist nur durch möglichst weites Herausbrechen der Wangen a (Abb. 12), und zwar vom Keller und Dachgeschoß aus zu schaffen. Ähnlich wirkt auch noch die folgende Anordnung (Abb. 13a)[1]), bei der drei Schornsteine an einer Putztür angeschlossen sind. Hier ist der Übelstand sehr leicht

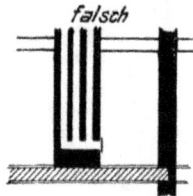
falsch

Abb. 13a.

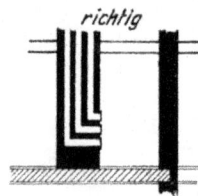
richtig

Abb. 13b.

zu beseitigen, indem man die Schornsteine trennt und einzeln mit Reinigungstüren versieht (Abb. 13b).

Es ist üblich, mehrere Hausschornsteine nebeneinander zu legen und durch dünne Wangen oder Zungen voneinander zu trennen. Infolge mangelhafter Bauausführung sind die Wangen öfter undicht oder sogar schadhaft. Dann tritt auch hier das Gegeneinanderarbeiten der Rauchsäulen oder das Umschlagen des einen oder anderen Schornsteins bei gleichzeitigem Ansaugen von Falschluft ein. In welcher Weise diese störend wirkt, ist bereits angedeutet. Die kalte angesaugte Luft mischt sich mit den Rauchgasen, kühlt diese ab und vergrößert die abzuführende Gasmenge. Neben dem damit verbundenen erhöhten Kraftverbrauch geht die Schwächung des Zuges infolge Temperaturerniedrigung mit den früher beschriebenen üblen Erscheinungen einher (Abb. 14).

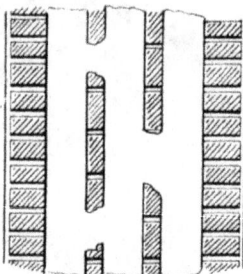
Abb. 14.
Kamin mit durchbrochenen Wangen.

Der Zutritt falscher Luft ist auch noch durch andere Möglichkeiten gegeben. Macht man sich die Mühe, in verschiedenen Häusern die Putztüren der Schornsteine, die sich im Keller befinden, zu prüfen, so kann man

---

[1]) Entnommen aus: Die wärmewirtschaftlichen Anforderungen an den Bau der Hauskamine. Techn. Org. des Bayer. Kaminkehrergewerbes, Selbstverl. Bayer. Landeskohlenstelle, München.

40

feststellen, daß sie in einer erschreckend großen Zahl schlecht schließen, durchgerostet, im Mauerwerk undicht eingesetzt oder gar offen sind. Dies trifft auch für die Reinigungstüren zu, die für gewöhnlich am Dachaustritt angelegt werden (Abb. 15). Die Überhöhung des Kamins über Dach wird dadurch wertlos.

Ein besonderes Kapitel bilden die Rauchrohranschlüsse der Feuerungen an die Schornsteine. Hier findet man, und das ist die Regel, klaffende Spalten, durch die die Falschluft ungehindert einströmen kann (Abb. 16). Nur selten sind die Anschlüsse abgedichtet. Einerseits liegt dies an der Bequemlichkeit des Ofensetzers, andererseits könnten zu leicht

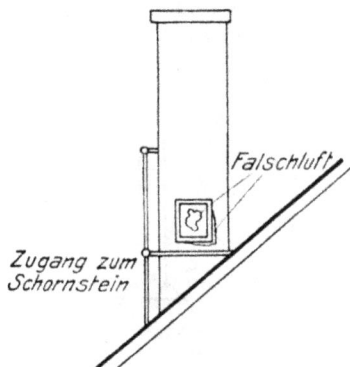

Abb. 15.
Durchgerostete und undicht eingesetzte Putztür am Dachaustritt eines Schornsteins.

durch das Dichtungsmaterial der Anstrich oder die Tapeten verdorben werden. Auch der Anschluß an die Öfen und die Rohrverbindungen werden oft sehr nachlässig ausgeführt und nicht genügend verkittet (Abb. 16).

Eine weitere Quelle für Falschluft bilden nicht betriebene Öfen oder Herde, bei denen die Feuerungstüren offen gelassen werden. Man strebt daher auch an, seltener betriebene Öfen, wie Waschkessel, Badeöfen u. dgl. an einen besonderen Schornstein anzuschließen. Gasöfen sollten mit Hauskaminen überhaupt nicht verbunden werden, es sei denn, daß sie mit Vorrichtungen versehen sind, die automatisch beim Absperren des Gashahnes auch die Falschluft abschließen.

Die Zugkraft eines Schornsteines kann auch sehr durch starken Windanfall geschwächt werden. Dieses tritt besonders ungünstig in Erscheinung, wenn der Schornstein von in der Nähe liegenden Gebäuden oder z. B. auch hohen Bäumen überragt wird. Um die Einflüsse dieser ungünstigen Windablenkung zu vermeiden, müssen die Schornsteine über die höchsten in der Nähe befindlichen Gebäudeteile hochgezogen werden. Der über Dach herausragende Teil eines Schornsteines bringt jedoch viele Übelstände mit sich, die um so größer sind, je höher er geführt werden muß. Die fortgesetzt nach allen Seiten infolge des Windanfalls auftretenden Schwankungen des Schornsteines

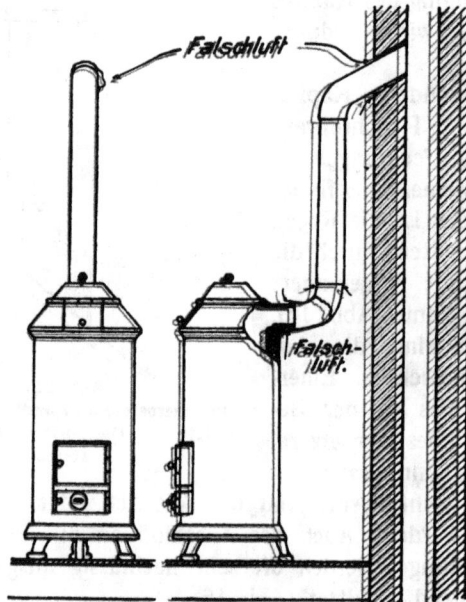

Abb. 16.
Falschluft durch undicht eingesetzte Rauchrohranschlüsse.

geben zu den unliebsamen, schwer dauernd zu beseitigenden Undichtigkeiten am Dachaustritt Veranlassung. Die Schwankungen versucht man durch Drahtseilverankerungen aufzuheben, jedoch verursachen die Befestigungsstellen der Drahtseile am Dach wie am Schornstein Undichtigkeiten, weshalb bei Herstellung der Verankerungen größte Vorsicht geboten ist. Die hier beschriebene Ausführungsart kann daher nur als Notbehelf bezeichnet werden. Bei Neubauten ist darauf zu achten, die Schornsteine möglichst am Dachfirst herauszuführen.

Im allgemeinen sollen an einen Schornstein nicht mehr wie zwei Feuerungen, die nach Möglichkeit einer Wohnung zuzuordnen sind, angeschlossen werden. Der Schornsteinquerschnitt muß mindestens $20 \times 14\,cm$ betragen.

42

Neben der baulichen Instandhaltung ist die Reinhaltung der Schornsteine von größter Wichtigkeit für ihre zufriedenstellende Leistung. Ungünstig angelegte Schornsteine geben nach den voraufgegangenen Erklärungen mehr Anlaß zur Ablagerung von Ruß und Flugasche wie technisch vollkommene. Für den guten Erfolg ist von Bedeutung, daß die Reinigung leicht durchzuführen ist. Hierzu sind die Reinigungstüren an leicht zugänglichen Stellen anzuordnen und der Schornstein vom Keller bis zum Dach möglichst geradlinig hochzuführen. Bei derartig angelegten Schornsteinen kann man leicht mit Hilfe eines Spiegels von der Putztür im Keller aus den Zustand des Schornsteines nachprüfen.

Große Zugstörungen treten hauptsächlich beim Anheizen der Feuerungen auf. Ist aber die Glut im Ofen erreicht, arbeitet der Schornstein ohne Schwierigkeiten weiter. Die Ursachen der genannten Störungen, die mancher Hausfrau die Ofenheizung verleiden, ist eine Folge der Unkenntnis der Handhabung des Anheizens. Der Schornstein zieht erst dann ausreichend, wenn er genügend warm ist. Es kommt also beim Anheizen darauf an, dem Schornstein genügend Wärme so schnell wie möglich zuzuführen, um ihn zum Ziehen zu bringen. Falsche Sparsamkeit an Brennholz ist nicht am Platze, besonders wenn der Kamin ungünstig, z. B. an einer kalten Außenwand liegt.

Die Versorgung von Wohnungen mit Einzelheizung in Häusern mit Zentralheizung bietet besondere Schwierigkeiten, da in der Regel die Schornsteine fehlen. In vielen Fällen läßt sich wenigstens die Beheizung eines oder zweier Zimmer wie folgt durchführen: Man wählt das meist benutzte Zimmer (Wohnzimmer) so nahe wie möglich der Küche. Hier kann man entweder unmittelbar den Küchenschornstein oder auch den meist vorhandenen nebenliegenden Ventilationskamin, dessen Ventilationsklappen jedoch zugemauert werden müssen, benutzen. In Abb. 17 ist eine derartig seit mehreren Jahren betriebene Ofenheizung dargestellt. Die ganze Rauchrohrlänge beträgt rd. 9 m.

Vorbedingung für die richtige Arbeitsweise ist ein gut ziehender Schornstein, der vorher daraufhin besonders nachgeprüft werden muß. Der Durchmesser der Rauchrohrleitung darf nicht unter 100 mm l. W. betragen. Die Leitung muß so

geführt werden, daß sie von den etwa in den Wänden angebrachten elektrischen Leitungen oder von den in der Nähe
befindlichen Holzteilen mindestens 30 cm entfernt liegt. Sind
die Rauchrohrleitungen sehr lang, oder liegen sie in kalten
ungeheizten Räumen, so tritt eine zu starke Abkühlung der

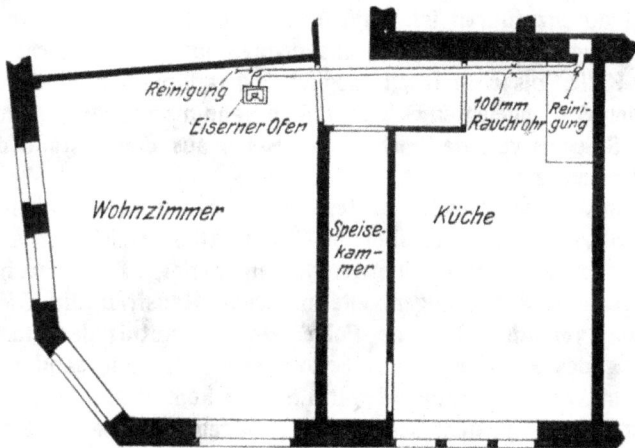

Abb. 17.
Aufstellung eines eisernen Ofens im Anschluß an einen Küchenkamin.

Rauchgase ein. Es schlagen sich leicht teerartige Produkte
im Rauchrohr nieder, die an den Verbindungsstellen der Rohre
heraustropfen, wodurch Fußböden, Teppiche usw. teilweise verdorben werden können. Dieser Übelstand kann durch guten
Wärmeschutz verhindert werden. Auch kann Brandgefahr eine
solche Isolierung fordern.

Man verfehle nie, sich bei beabsichtigter Aufstellung eines
Ofens mit dem Bezirksschornsteinfeger in Verbindung zu setzen,
um sich zu vergewissern, ob die beabsichtigte Anlage den behörd-
lichen Vorschriften entspricht. Andernfalls läd man für den
Fall eines Brandes oder auch anderer Gefahren eine sehr große
Verantwortung mit den daraus folgenden schweren Haft-
pflichten auf sich.

Derartige Feuerstellen mit langer Horizontalführung der
Rauchrohranschlüsse sind nur als Notbehelfe zu bezeichnen.
Bei Neubauten müssen Schornsteine in genügender Anzahl

44

vorgesehen werden, um sämtliche Öfen mit möglichst kurzen Rohren anschließen zu können.

Bei der Wichtigkeit der Schornsteinfrage ist die Neuherstellung von Schornsteinen, sei es zur Auswechslung alter schlechter Kamine, sei es zu dem Zwecke, alte Gebäude, die keine Schornsteine besitzen, mit solchen zu versehen, von besonderem Interesse. Die Errichtung aus Ziegelmauerwerk ist derartig kostspielig, schwierig und umständlich, daß man hiervon absehen muß. Ein regelrechter Verband mit einer vorhandenen Mauer ist sehr schwer herzustellen. Man ist gezwungen, den Schornstein selbständig hochzuführen. Er beansprucht viel Raum, der besonders in alten Gebäuden zu diesem Zwecke nicht gern freigegeben wird.

Eine bessere Lösung gestattet die Anwendung von Tonröhren, die jedoch, da sie sehr dünnwandig sind, besonders isoliert werden müssen. Dadurch wird diese Ausführung ebenfalls kostspielig.

Die Herstellung aus Beton ist am einfachsten und billigsten, jedoch spielt die Betonmischung eine große Rolle. Bei zu porösem Material saugen die Schornsteinwandungen die teerartigen Destillationsprodukte auf und schlagen durch. Dies tritt besonders ein bei Verfeuerung feuchter minderwertiger Brennstoffe, wie Braunkohle, Holz und Torf, sodaß der Schornstein unter diesen Umständen bald unbrauchbar wird. Dasselbe gilt auch bei Schornsteinen aus allen anderen porösen Baustoffen (Lehmbauweisen).

II. Die verschiedenen Ofensysteme und ihre Anwendung.

Von Dr.-Ing. G. Brandstäter.

1. Geschichtlicher Überblick und Entwicklung eiserner Zimmeröfen.

Wollte man den Begriff „eiserner Ofen" so weit fassen, daß man jeden aus Metall gefertigten Heizgegenstand darunter versteht, so müßte man für die Beschreibung von eisernen Öfen in der Geschichte weit zurückgreifen. Man müßte über die metallenen Becken berichten, die uns aus dem alten Rom bekannt sind und die auch die noch ältere chinesische Kultur schon gekannt hat. Daran würden sich dann bis ins Mittelalter, ja bis in die Neuzeit hinein, die aus Metall gefertigten Kamine anschließen. Im eigentlichen Sinne versteht man aber unter eisernen Öfen einen aus Eisen bestehenden Heizapparat, der eine Feuerung und einen Abzug zur Fortführung der Abgase besitzt. Diese Öfen haben sich aus dem älteren Kachelofen heraus entwickelt.

Um überhaupt ihren Zweck, das Zimmer zu heizen, erfüllen zu können, mußten die damaligen Kachelöfen so groß gewählt werden, daß sie zu viel Platz fortnahmen. Es waren große, ins Zimmer hineinreichende Kästen, die von außen mit Holz befeuert wurden, damit kein Rauch ins Zimmer dringen konnte. Man erkannte mit der Zeit, daß man die Wirkung dieser Öfen wesentlich steigern könnte, wenn man die Kachelmassen durch Eisenplatten ersetzte, die sowohl die Wärme besser leiteten, als auch durch Strahlung eine wesentlich schnellere und günstigere Erwärmung hervorriefen. So kam man dahin, den ganzen Ofen aus eisernen Gußplatten herzustellen, wodurch er kleiner gehalten werden konnte und trotzdem Besseres leistete.

46

Die Ofenplatten wurden in erster Zeit nach Holzmodellen in offenem Herdguß hergestellt, zu deren Anfertigung die ersten Künstler der damaligen Zeit herangezogen wurden. Die daraus verständliche Kostbarkeit erklärt es, daß sie nur für bevorzugte Baulichkeiten, Schlösser und große öffentliche Gebäude in Frage kamen. Die älteste Ofenplatte soll die Jahreszahl 1488 getragen haben[1]).

Dieses Alter der ersten eisernen Öfen findet sich auch dadurch bestätigt, daß im 15. Jahrhundert in Köln bereits die „Eisenofenmacher" unter den städtischen Handwerkern aufgeführt werden. Aus dem Anfang des 16. Jahrhunderts sind dann eine Reihe von kostbaren eisernen Öfen bekannt und Ofenplatten uns überkommen, die künstlerische Prachtstücke öffentlicher und privater Sammlungen geworden sind.

„Nachdem man einmal die Vorteile der eisernen Öfen praktisch erprobt hatte, fanden sie Eingang in die Häuser der Wohlhabenden, und zwar so allgemein, daß die Anschaffung eines solchen Ofens sehr häufig das erste Geschenk war, welches der Neuvermählte oder dessen Angehörige der Frau oder dem neuen Haushalt stifteten".

Die schon im 16. Jahrhundert anfangende und im 17. Jahrhundert sich fortsetzende Teuerung des Holzes zwang dazu, sparsam mit diesem Brennmaterial umzugehen. Es finden sich aus diesen Zeiten eine Reihe von Veröffentlichungen, wie man Öfen herstellen mußte, um mit einem Minimum von Brennmaterial auszukommen. In diesen Veröffentlichungen kann man nun verfolgen, daß sich der eiserne Ofen von der Kastenform, die er von dem Kachelofen übernahm, losmacht und Formen findet, die seinem Material und seiner Verwendung angepaßter sind. So sind in diesen Zeiten schon Bilder veröffentlicht, die Öfen zeigen, die Ähnlichkeit mit dem heute noch üblichen Ofen irischen Systems haben, wenn gleich bei dem zur Verfeuerung kommenden Holz an eine Füllfeuerung noch nicht gedacht werden konnte. Erst um die Mitte des 19. Jahrhunderts regt sich dann gewaltig der Erfindergeist auch auf diesem Gebiete, und es werden die verschiedenartigsten Öfen auf den

---

[1]) Aus Becks „Geschichte des Eisens", der auch andere Nachrichten für dieses Kapitel entnommen sind.

Markt gebracht. Auch die Kritik regt sich, und in zahlreichen Abhandlungen werden die Öfen auf ihre Zweckmäßigkeit untersucht. Weil in diesen Zeiten der Brennstoff, die Kohle, noch reichlich und damit billig zur Verfügung stand, so waren es in erster Linie hygienische und ästhetische Gesichtspunkte, die in den Vordergrund traten.

Die hohen Anforderungen, die stets sowohl in hygienischer wie wirtschaftlicher Hinsicht an eine Heizung gestellt wurden, auch unter den heutigen Verhältnissen, in denen die Brennstoffnot so ungeahnt groß geworden ist, aufrecht zu erhalten, und zwar unter Herabminderung des Brennstoffverbrauchs auf ein Mindestmaß, ist die Aufgabe der heutigen Eisenofenindustrie.

In welcher Weise diese Aufgabe durch Erfinderarbeit und Vervollkommnung aller technischen Methoden erreicht ist, davon sollen die nächsten Abschnitte ein Zeugnis ablegen.

2. Irische Dauerbrandöfen.

Die verbreitetste Art des eisernen Ofens ist der sogenannte Irische Ofen. Bei einfachster Form bietet er vielseitige Verwendungsmöglichkeiten. Zu seinen hauptsächlichsten Konstruktionsmerkmalen gehört der Füllschacht A, der den Brennstoffbedarf eines ganzen Tages aufzunehmen vermag und gleichzeitig die Möglichkeit gibt, den Ofen Tag und Nacht bei geringstem Brennstoffverbrauch in Brand zu halten.

Um ein Glühendwerden der Wände zu vermeiden, und eine gleichmäßige Wärmeabgabe zu erzielen, ist dieser Füllschacht mit einer starken Schamotteausfütterung B versehen. Diese verhindert gleichzeitig eine zu große Wärmeausstrahlung aus dem Verbrennungsraum und wirkt

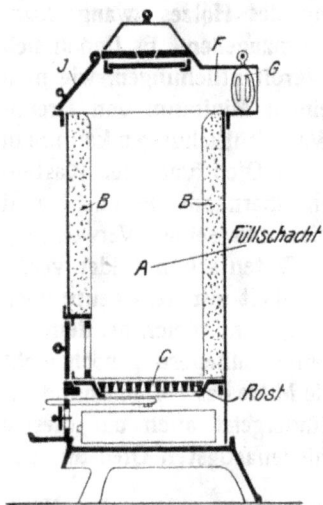

Abb. 18. Irischer Ofen.

48

günstig auf die Verbrennung und die Regulierungsfähigkeit des Ofens (Abb. 18).

Am unteren Teil des Füllschachtes befindet sich der Rost *C.* Zwecks leichterer Reinigung, Entaschung und Entschlackung ist er als Schüttelrost ausgebildet, d. h. der eigentliche Rost *C* kann durch Bewegung einer aus dem Ofen herausragenden Lenkstange *D* in dem im Ofen feststehenden Rahmen *E* in eine drehende Bewegung versetzt werden (Abb. 19), wodurch die Asche und Schlacken, ohne daß der Ofen geöffnet zu werden braucht und ohne daß also Staub und Asche in das Zimmer dringen können, in den Aschenkasten fallen.

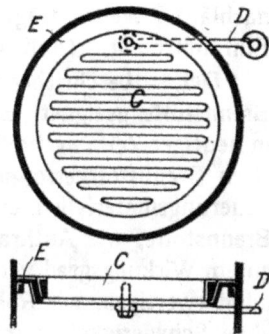

Abb. 19.
Rost des Irischen Ofens.

Am oberen Ende des Füllschachtes befindet sich der Rauchabzug *F.* In dem Rauchabzug ist bei dem normalen Ofen handelsüblicher Qualität eine Regulierungsmöglichkeit *G* angebracht, die es verhindern soll, daß bei abgestelltem Ofen Wärmemengen nutzlos in den Schornstein abziehen. Diese Regulierung kann aus einer Drosselklappe bestehen, die einen großen Teil des Rauchrohrquerschnittes abschließt. Das Rauchrohr ganz

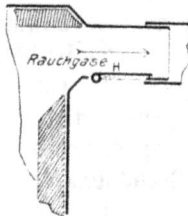

Abb. 20 a.
Regulierungsklappe
(geschlossen).

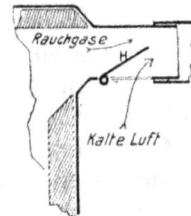

Abb. 20 b.
Regulierungsklappe
(offen).

zu verschließen ist wegen der Gefahr des Eindringens von giftigen Gasen (Kohlenoxyd) in den Raum bei keinerlei Heizungsanlagen gestattet. Andere Konstruktionen bevorzugen eine Regelung nach Abb. 20 a und 20 b. In das Rauchrohr wird eine drehbare Klappe *H* derart eingebaut, daß bei geschlossener Klappe (20a) der Abzug der Rauchgase nicht behindert ist. Bei geöffneter Klappe (20b) jedoch hemmt diese die entweichenden Rauchgase, während gleichzeitig durch aus dem Zimmer zuströmende kalte Luft der Schornstein so abgekühlt wird, daß seine Saugwirkung (sein Zug) nachläßt. Weiter trägt das obere Ende des Füllschachtes die Einfüllöffnung *J* (Abb. 18) für das Nachfüllen des Brennstoffes.

Der so beschriebene Ofen ist zur Verfeuerung aller festen Brennstoffe geeignet. Diese Eigenschaft macht ihn besonders in heutiger Zeit wertvoll, da man bei der herrschenden schwierigen Brennstoffversorgung oft günstig die verschiedenartigsten Feuerungsmaterialien einzukaufen in der Lage ist. Gasarme Brennstoffe, wie Anthrazit, Magerkohle, Koks lassen sich mit gutem Wirkungsgrad verfeuern, aber auch die Verbrennung von minderwertigen, wie Rohbraunkohle, Torf und Holz ist in ihm ohne Schwierigkeiten möglich. Seine Haltbarkeit wird durch das Verfeuern selbst hochwertiger Brennstoffe in keiner Weise beeinflußt, da das noch durch Schamotte geschützte Eisen gegen Einwirkung hoher Temperaturen unempfindlicher ist als alle sonst gebräuchlichen Ofenmaterialien.

Seine Verwendungsmöglichkeiten sind fast unbegrenzt, da er sich sowohl für vorübergehende als auch für dauernde Heizung eignet. Der vorübergehende Heizbetrieb ist möglich, weil die Wärmeabgabe sehr schnell nach dem Anfeuern des Ofens einsetzt, d. h. also, daß sich die Heizung eines mit solchem Ofen versehenen Raumes sehr scharf auf die Benutzungszeit begrenzen läßt. Der hierdurch erzielbare Vorteil ist besonders in den Übergangszeiten, im Frühling und im Herbst erkennbar. In diesen Zeiten pflegt bei kalten Morgen- und Abendstunden in der Mitte des Tages schon eine Temperatur zu herrschen, die die Heizung vom wirtschaftlichen Standpunkt aus unnötig, vom gesundheitlichen aus unbequem empfinden läßt. Solchem zeitlich stark begrenztem Wärmebedürfnis kann sich wirtschaftlich nur der irische Ofen anpassen, während andere auf Dauerheizung eingestellte Heizungsarten mehr oder weniger versagen müssen. Ein plötzliches Wärmebedürfnis ist z. B. auch in Schlafzimmern, guten Stuben, Empfangszimmern und ähnlichen Räumen zu befriedigen, so auch in Fremdenzimmern nicht dauernd stark besetzter Gasthöfe. Hier kommt es darauf an,

Abb. 21. Irischer Rundofen.

die betreffenden Räume möglichst schnell benutzbar zu machen. Dieser Zweck ist mit dem seine Wärme schnell verbreitenden irischen Ofen erreichbar. Im Dauerbetrieb vermag er auch wochenlang hintereinander unter Feuer zu sein. Dabei ist der Wärmeverbrauch während der Nacht bei richtiger Einstellung seiner Reguliervorrichtungen verhältnismäßig gering und auch die nachts verbrauchte Brennstoffmenge ist nicht ganz verloren, da durch die leise Weitererwärmung die Zimmer nicht ganz auskühlen und morgens nicht wieder hochgeheizt zu werden brauchen. Diese doppelte Eignung für vorübergehende und dauernde Heizung macht die Bewohner von Räumen, die mit dieser Art Heizung ausgestattet sind, außerordentlich frei in der Benutzung ihrer Wohnung.

Ausgeführt wird der irische Ofen als Rundofen mit starkem Eisenblechmantel und als Vierkantofen aus Gußplatten, als Gußofen aus schwarzem Eisen, vielfach mit vernickelten Türen und Beschlägen, und in hochwertiger Ausführung mit hitzebeständiger, Majolika ähnlicher Emaille in den verschiedensten Farben, so daß jedem, auch dem verwöhntesten Geschmack mit diesen Öfen Rechnung getragen werden kann. Emaillierte Öfen haben außerdem noch den Vorzug leichter Reinigungsfähigkeit.

Hergestellt werden diese irischen Öfen in einfacher Ausführung und als Qualitätsware. Die erstere hat den Vorzug der Billigkeit, wenn sich mit ihr auch nicht so hohe Brennstoffausnutzung erreichen läßt als mit Qualitätsware. Die Qualitätsöfen sind sorgfältiger gebaut, ihre Herstellung ist aber durch die dabei in größerem Maße notwendige Handarbeit verteuert, dafür arbeiten sie wirtschaftlicher und man hat bei ihnen die Gewähr, daß sie auch bei längerem Gebrauch in ihrer Brennstoffausnutzung nicht nachlassen. — Über den Wirkungsgrad, in welchem einige Brennstoffe in beiden Fällen ausgenutzt werden, gibt nachstehende, auf Grund wissenschaftlicher Untersuchungen[1]) aufgestellte Zusammenstellung Aufschluß.

Brennstoff	Qualitäts-ofen	Einfache Herstellung
Gaskoks . .	62%	52%
Anthrazit . .	70%	57%

[1]) Untersuchungen von Prof. Dr.-Ing. Bonin, Techn. Hochschule, Aachen.

Abb. 22. Irischer Vierkant-Dauerbrandofen.

Es muß dem Ermessen jedes einzelnen überlassen bleiben, ob es ihm praktischer und wirtschaftlicher erscheint, an Anschaffungskosten (einfache Herstellung) oder an Betriebskosten (Qualitätsware) zu sparen. Im Zweifelsfalle wird auch hierüber, wie über alle anderen den Eisenofen betreffenden Fragen, die wärmetechnische Abteilung der Vereinigung Deutscher Eisenofenfabrikanten gern und bereitwilligst kostenlos Auskunft geben.

3. Rauchgasführung bei irischen Öfen.

Im Gegensatz zu dem irischen Qualitätsofen, dessen Brennstoffausnutzung, wie schon erwähnt, bei richtiger Aufstellung und Bedienung eine weitere Verbesserung kaum mehr möglich macht, kann die normale Stapelware irischer Öfen bei längerem Gebrauch undicht werden und die dagegen anzuwendende Abhilfe wird nur in den seltensten Fällen angewandt. Die daraus entstehende übermäßig große Luftzufuhr hat zur Folge, daß die Verbrennung lebhafter wird als man wünscht und die Rauchgase mit zu hohen Temperaturen den Ofen verlassen. Die Wärme, die in diesen hochtemperierten Rauchgasen enthalten ist, kann noch nutzbar gemacht werden. Es sind dazu die verschiedensten Wege eingeschlagen. Eine viel verbreitete Anordnung ist die, daß man den normalen irischen Ofen mit einem langen Rauchrohr an den Schornstein anschließt. Dieses Rauchrohr gibt mit seiner großen Oberfläche den Rauchgasen Gelegenheit, die Wärme an den Raum abzuführen.

Eine gewisse Länge des Rauchrohres ist für die Aufstellung eines irischen Ofens stets notwendig und muß mit als Bestandteil eines solchen Ofens aufgefaßt werden. Dieses Rauchrohr zu lang auszuführen, verbietet sich dagegen einmal aus Schönheitsrücksichten, dann aber auch deswegen, weil in einer zu langen Rohrleitung eine so große Abkühlung der Rauchgase stattfinden kann, daß diese Wasser auszuscheiden anfangen, so daß das Rauchrohr an nicht ganz dichten Verbindungsstellen zu lecken anfängt und das teergetränkte Wasser in den Raum gelangt und diesen verunreinigt.

Die Wirkung des angeschlossenen Rauchrohres hat man weiterhin zu erhöhen gewußt durch eine Vergrößerung der

Oberfläche, z. B. indem man es trompetenförmig erweiterte oder durch kleine, aus Röhren bestehende Apparate so ersetzte, daß an diesen Stellen eine möglichst große Oberfläche erzielt wurde. Ein Absinken der Rauchgasgeschwindigkeit an diesen Stellen vermehrt die Wirkung, indem die Gase eine längere Zeit mit den wärmeaustauschenden Flächen in Verbindung bleiben.

Diese Erzielung eines längeren Rauchgasweges hat man auch konstruktiv mit dem Ofen selber in Verbindung gebracht, indem man, statt die Gase direkt vom Füllschacht in den Schornstein zu lassen, sie erst durch einen hinter dem Ofen angebrachten Sturzzug schickt.

Hierdurch entsteht einmal die gewünschte Oberflächenvergrößerung, dann wird aber auch durch die zwangsweise Abwärtsbewegung der Gase eine bremsende Wirkung auf den Ofenzug erreicht, die einem zu lebhaften Abbrand entgegenwirkt.

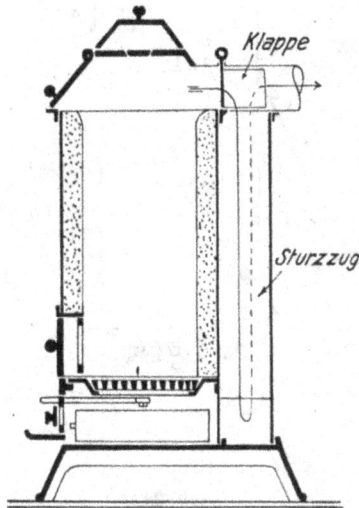

Abb. 23.
Irischer Dauerbrandofen mit Sturzzug.

Eine einfache vielfach genügende Form stellt die in Abb. 23 gezeigte, mit einem einfachen kurzen Sturzzug versehene Ofenkonstruktion dar, mit der gute Wirkungen erzielbar sind. Andere Konstruktionen ziehen diesen Sturzzug bis zum Sockel des Ofens hinunter, so den Weg verlängernd und die Wirkung noch erhöhend.

Für das Anheizen ist natürlich bei solch einer Anordnung eine Umschaltklappe zur Erzielung eines direkten Weges in den Schornstein notwendig, der Sturzzug darf bei diesem Ofen erst nach genügend erwärmtem Schornstein in Wirksamkeit treten.

In anderer Weise wird der Gedanke der größeren Rauchgasausnutzung, der zur Konstruktion des Ofens mit Sturz führte, durch den Irischen Ofen mit Aufsatz in die Praxis übertragen. Die im Verbrennungsraum gebildeten Rauchgase müssen, bevor sie in den Schornstein abziehen, durch einen Kopf streichen und finden so Gelegenheit, ihre Wärme an die Außenluft abzugeben. (Abb. 24). Diesen Kopfteil nutzen einige Konstruktionen noch zur Unterbringung eines Wärmespeichers aus, um eine gleichmäßige Wärmeabgabe des Ofens zu erzielen. In der Anbringung von Zügen in diesem Teil des Ofens gibt es die verschiedensten Ausführungen. Erwähnt sei auch hier noch die Notwendigkeit, für die Rauchgase während des Anheizvorganges einen direkten Abzugsweg vom Füllschacht zum Schornstein zu schaffen, damit durch schnelle Erwärmung des Schornsteins gute Zugverhältnisse mit Sicherheit hervorgerufen werden. Zum weiteren Betrieb ist dann mittels einer Klappe der direkte Weg in den Schornstein zu sperren, damit die Gase durch den Kopf zu streichen genötigt sind.

Bei einigen Ofenkonstruktionen ist nun dieser Kopfteil, der die Abgase ausnutzt, gleichzeitig als Kochraum ausgebildet. Dieser so ausgebildete Irische Ofen gibt die Möglichkeit, Speisen warm zu stellen, Wasser zu kochen und ersetzt eine Wärmeröhre mit allen ihren Vorteilen.

Gerade in der heutigen Zeit ist eine solche Anordnung von Vorteil, da man bei der herrschenden Kohlennot den Küchenherd nur so lange unter Feuer hält, als es gerade zur Speisenbereitung nötig ist (Abb. 25a und b).

Den nächsten Schritt zur Ausnutzung der Rauchgase des Irischen Ofens bildet der Gedanke, den Rauchgasweg in einen von dem Ofen selbst getrennten Apparat zu legen derart,

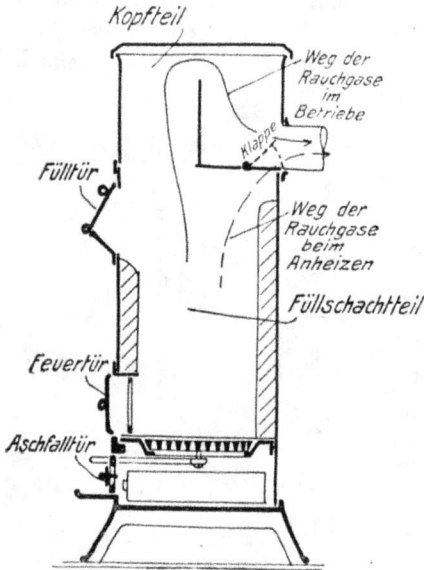

Abb. 24.
Irischer Ofen mit Wärmespeicher.

56

daß dieser Apparat entweder in dem Raum, in dem der Ofen selbst steht, untergebracht wird, oder seine Wärme einem anschließenden Raum mitteilt, d. h. daß mit einer Feuerstelle

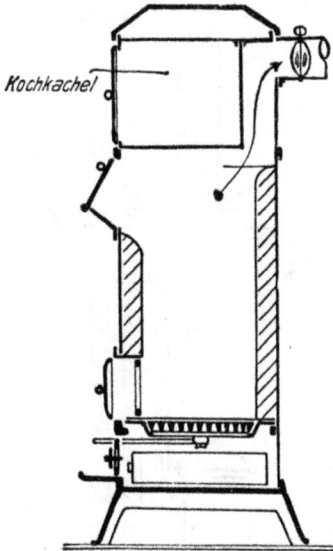
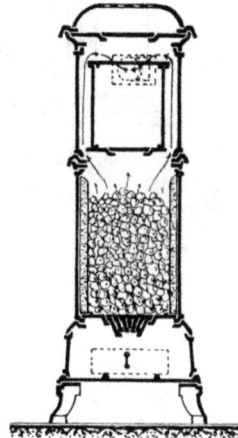

Kochkachel

Abb. 25 a.   Abb. 25 b

Irischer Ofen mit Kochkachel.

zwei Räume beheizt werden. Das Prinzip ist in folgender Anordnung dargestellt (Abb. 26 a, b und c):

Die aus dem Ofen *A* kommenden Abgase, die eine noch ausnutzbare Wärme mit sich bringen, treten durch das normale Rauchrohr des Irischen Ofens aus und werden, ehe sie den Schornstein erreichen, durch einen Apparat *B* gesaugt, der nur Gelegenheit zur weiteren Abkühlung der Rauchgase und damit Rückgewinnung ihrer Wärme geben soll. Voraussetzung für die Anbringung eines Abwärmewerters ist ein genügender Schornsteinzug. Ist ein vorhandener Irischer Ofen schlecht wegen seines ungenügenden Schornsteines, so kann ihn ein Abwärmeverwerter nur noch verschlechtern. Welche Verbesserungen an irischen Öfen aber durch Hinterschaltung eines geeigneten Abwärmeverwerters gemacht werden können, zeigt

die nachfolgende Zusammenstellung, die den Untersuchungs-
resultaten eines Abwärmeverwerters entnommen ist.

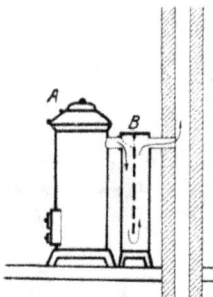

Abb. 26 a.

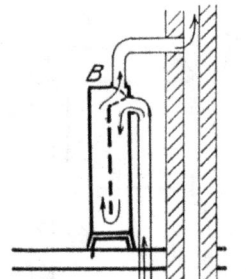

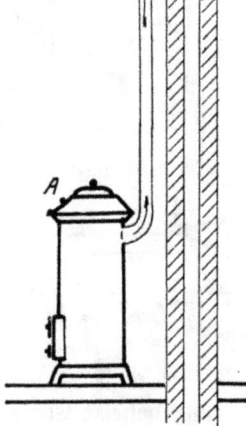

Abb. 26 b. Abb. 26 c.

Irischer Ofen mit Abwärmeverwerter. Zweizimmerbeheizung.

Brennstoff	Brennstoffausnutzung ohne | mit Abwärmeverwerter[1]		Prozentuale Verminderung des Kohlenverbrauchs
Gaskoks	51,5%	83%	38%
Braunkohlenbriketts .	46%	75,%	39%
Preßtorf	32%	67%	52%

[1]) Gewöhnliche irische Öfen, keine Qualitätsware.

Abb. 27. Amerikanischer Dauerbrandofen.

4. Amerikanische Dauerbrandöfen.

Für Gegenden, in denen hochwertige Brennstoffe, insbesondere Anthrazit (siehe Abschnitt I/3), zur Verfügung stehen, ist als Spezialkonstruktion des eisernen Ofens der sogenannte amerikanische Dauerbrandofen ausgebildet. Sein hauptsächlichstes Konstruktionsmerkmal ist ein korbähnlich gestalteter eiserner Rost *A*, in dem die Verbrennung stattfindet. Im Gegensatz zu allen anderen Ofensystemen wird bei diesem Ofen nicht der ganze zur Verfeuerung bestimmte Brennstoff mit einemmal auf den Rost aufgegeben und in Brand gesteckt, sondern in dem bezeichneten Korbrost glüht nur ein kleiner Teil des Brennstoffes und entsprechend dem erfolgten Abbrand fällt neuer Brennstoff aus einem über dem Korbrost liegenden Fülltrichter *B* nach. Dieser Fülltrichter vermag eine Brennstoffreserve für einen ganzen Tag zu fassen. Er kann jederzeit, also auch während des Ofenbetriebes durch die an seinem oberen Ende befindliche Füllplatte *C* beschickt werden. Der untere Abschluß des Rostes ist ebenso wie bei irischen Öfen als Schüttelrost *D* ausgebildet, so daß also die Entschlackung und Entaschung des Ofens ebenfalls während des Betriebes möglich ist.

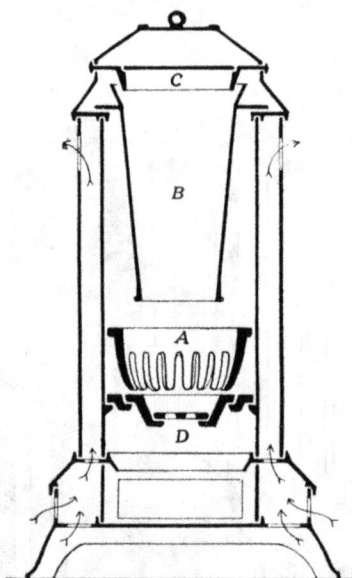

Abb. 28.
Amerikanischer Dauerbrandofen.

Diese vier Konstruktionsmerkmale ermöglichen es, den amerikanischen Dauerbrandofen während einer ganzen Heizperiode, ohne ihn ausgehen zu lassen, in Betrieb zu halten. Für zeitweisen Brand ist er dagegen wenig geeignet (Abb. 28 u. 29). Allerdings ist dieser Dauerbetrieb nur für bestimmte dazu geeignete Brennstoffe möglich, und zwar darf die Entzündungstemperatur des Brennstoffes nicht zu hoch liegen, damit der Ofen, wenn er zur Nachtzeit abgestellt wird und mit minimalem Brennstoffverbrauch weiter brennen soll, nicht ausgeht. Anderseits darf der Brennstoff auch nicht zu gasreich sein, damit nicht infolge von Gasentwicklung im Füllschacht die in diesem liegende Kohle ebenfalls in Brand gerät. Der geeignete Brennstoff für diesen Ofen ist Anthrazit und magere Steinkohle. Koks ist infolge seiner zu hohen Entzündungstemperatur allein nicht bequem in diesem Ofen zu verbrennen. Man kann jedoch durch Zumischung eines leicht entzündlichen und gasreichen Brennstoffes, wie z. B. fette Steinkohle oder Braunkohlenbriketts einen guten Dauerbrand ebenfalls erzielen. Bereits erprobte Brennstoffmischungen für solche Öfen sind z. B. $2/3$ Koks und $1/3$ Braunkohlenbriketts. Unter derselben Voraussetzung sind Eierbriketts mit Erfolg angewandt worden. Besondere Aufmerksamkeit ist bei diesen Öfen der Regulierung zu schenken. Der Ofen mit guter Regulierung paßt sich während des Tages jeder Wärmeschwankung an, die durch die Außentemperatur oder durch die Benutzungsart des Zimmers bedingt ist, und soll während der Nacht soweit herunter reguliert werden können, daß der Brennstoffbedarf während dieser Zeit im Vergleich zum Gesamtbrennstoffbedarf verschwindend gering wird. Dazu gehören dichte Öfen mit sauber gearbeiteten Regulierungsvorrichtungen.

Aus den bisher genannten Eigenschaften des amerikanischen Ofens ergibt sich ohne weiteres das für ihn in Betracht kommende Verwendungsgebiet. Er ist besonders geeignet für stetig zu heizende Räume, wie z. B. Wohnzimmer. Infolge seines nächtlichen Durchbrennens kühlt sich der Raum niemals ganz aus und ist in kurzer Zeit, wenn morgens wieder der Ofen auf starken Brand gestellt wird, auf die gewünschte Temperatur zu bringen. Dabei wird der Teil des Brennstoffes, der zum Durchhalten des Feuers notwendig gewesen ist, zu einem großen Teil durch das leichtere Hochheizen des Raumes wieder eingespart.

Eine beliebte Anordnung dieses Ofens ist auch die, daß man ihn groß genug wählt, um ihn in einem dazu geeigneten Raume zur Erwärmung mehrerer Zimmer aufzustellen, wo er dann, schwach betrieben, nur das eine Zimmer erwärmt, auf starken Brand gestellt, auch die anliegenden Zimmer behaglich zu gestalten vermag. Diese Anordnung kann auch schon aus dem Grunde empfohlen werden, weil der Wirkungsgrad des Ofens unabhängig davon, ob man ihn stark oder schwach einstellt, fast gleich gut ist. Neuere Untersuchungen in der Versuchsanstalt für Heizung- und Lüftungseinrichtungen in Charlottenburg haben gezeigt, daß die Brennstoffausnutzung durch den Ofen bei 80 vH liegt, ein Wert, der nicht mehr höher getrieben werden darf, ohne daß die Zugverhältnisse des Schornsteines darunter leiden. Denn es ist ja bekannt, daß jede Feuerstelle 15—20 vH der mit dem Brennstoff hineingesteckten Wärme abgeben muß, um sich einen genügenden Schornsteinzug zu erhalten.

In den Handel kommt dieser Ofen ebenfalls in den drei üblichen Ausführungen: ganz schwarz aus Eisen, aus schwarzem Eisen mit vernickelten Beschlägen und in seiner schönsten Form: in beliebigen Farben emailliert mit vernickelten Türen und Beschlägen. Jedoch soll nochmals darauf aufmerksam gemacht werden, daß diese Unterscheidung nur für den Schönheitsstandpunkt maßgebend ist. Die Güte des Ofens, d. h. seine Dauerhaftigkeit und seine Brennstoffausnutzung ist bei allen in den Handel kommenden gut durchgebildeten Systemen eine gleich gute.

Eine weitere Ausführung des amerikanischen Dauerbrandofens ist die des Ofens mit Sockelzug (Abb. 29). Bei diesem Ofentyp werden die Rauchgase, wie auf obenstehender Figur angedeutet, bevor sie den Ofen verlassen, noch einmal durch den Sockel des Ofens geführt. Aus der Besprechung der Brennstoffausnutzung durch den amerikanischen Dauerbrandofen ging hervor, daß wesentliche Verbesserungen feuerungstechnisch nicht mehr möglich sind. Wohl aber ist die Wärmeverteilung, die ein Ofen in dem zu heizenden Zimmer erzeugt, von hervorragender Bedeutung und in dieser Beziehung ist die besprochene Maßnahme wichtig. Durch die Anbringung dieses Sockelzuges wird eine Wärmequelle dicht bis an den Fußboden herangezogen, so daß die unteren Partien des Raumes bevorzugt erwärmt werden, und so dem Ofen dem immer wieder zu betonenden Grundsatz, daß eine Heizungsanlage den Fußboden warm halten soll und nicht die Decken heizen, in hervorragendem Maße gerecht wird.

62

Die Beschränkung auf die wenigen Brennstoffe, die dem
sonst so angenehmen und im Betrieb so sparsamen Ofen
amerikanischen Systems nach dem oben Gesagtem zukommt,
hat in letzter Zeit dazu geführt, daß der Eisenofenbau nach

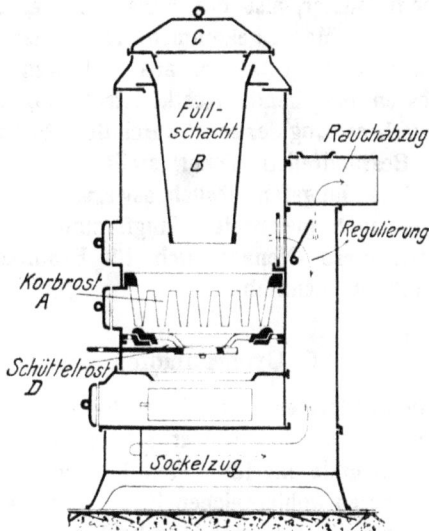

Abb. 29.
Amerikanischer Dauerbrandofen mit Sockelzug.

Konstruktionen suchte, die diese Ofenart auch für andere Brennstoffe tauglich machte. Es war gesagt, daß die Verfeuerung
von Koks auf gewisse Schwierigkeiten stößt, weil die Entzündungstemperatur dieses Brennstoffes so hoch liegt, daß beim
Abstellen des Ofens im Nachtbetrieb diese Temperatur leicht
unterschritten werden kann, was ein Ausgehen des Ofens zur Folge
hat. Dieser Übelstand wird bei einem nach dem Muster amerikanischer Öfen gebauten Koksdauerbrandofen dadurch behoben,
daß der Feuerraum mit starker Schamotteausfütterung versehen
ist. Diese Schamottewand verhindert den Brennstoff an der
Ausstrahlung der Wärme nach den kalten Ofenwandungen,
hält also bei abgestelltem Ofen die aus dem Brennstoff entwik-
kelten geringen Wärmeeinheiten zusammen, so daß ein zu
starkes und dem Dauerbrand schädliches Herabsinken der
Temperatur vermieden wird.

Ein starkes Bedürfnis ist auch vorhanden nach geeigneten Dauerbrandöfen für minderwertige Brennstoffe, die in großen Teilen des Reiches fast allein zur Hausfeuerung zur Verfügung stehen. Es sind in letzter Zeit auch für diese Zwecke nach amerikanischem Muster, also mit Füllschacht arbeitende Konstruktionen auf den Markt gekommen. Diese machen einerseits durch eine besonders gestaltete, aus mehreren übereinander liegenden Rosten bestehende Rostkonstruktion, die eine ausgiebige Nachverbrennung der sonst durch den Rost fallenden unverbrannten Bestandteilen sicher stellt, andererseits durch Ausbildung eines längeren Rauchgaswegs, der bei minderwertigen, d. h. auch gleichzeitig langflammigen Brennstoffen unerläßlich ist, diese Ofenart auch für Braunkohlenbriketts und Rohbraunkohle benutzbar.

5. Großraumöfen.

Gerade in der letzten Zeit ist das Bedürfnis nach Einzelöfen zur Großraumheizung wieder sehr in den Vordergrund getreten. Die Gründe hierfür sollen hier nur kurz gestreift werden. In früheren kohlenreichen Zeiten hat man z. B. Konfirmandensäle, die dicht an das Pfarrhaus angebaut sind, vielfach auch an die Heizungsanlage dieser Gebäude angeschlossen, trotzdem solche Räume gegenüber dem Hauptgebäude nur eine ganz kurze Benutzungszeit aufweisen. Der Betrieb einer solchen Anlage wird außerordentlich teuer. Heute geht man in solchen Fällen dazu über, nur vorübergehend benutzte Räume von der Sammelheizung abzuschließen und mit Öfen zu versehen, die einem vorübergehenden Wärmebedürfnis gerecht werden können, d. h. mit eisernen Öfen. Ebenso pflegt man Kirchen, bei denen es darauf ankommt, schnell für kurze Zeit die Luft zu wärmen, ohne daß man auf die Durchwärmung der meist gewaltigen Mauermassen Wert legen wird, mit eisernen Großraumöfen zu versehen.

Ähnliche Verhältnisse liegen z. B. bei Sitzungssälen, in Vereinsgesellschaftshäusern, oder in Turnhallen, die den Schulen angeschlossen sind, vor. Hier ist darüber hinaus zu berücksichtigen, daß solche Räume oft abends, nachdem der Hauptbetrieb schon geschlossen ist, noch benutzt werden müssen. Ist

Abb. 30. Großraumofen (Saalofen).

nur Sammelheizung vorhanden, so muß wegen eines Raumes die ganze Anlage oft stundenlang weiterlaufen, was bei Vorhandensein von Einzelöfen nicht notwendig ist.

Ein großer Bedarf an Einzelgroßraumöfen ist vorhanden für Werkstätten, Böden, Fest- und Tanzsäle von Gasthöfen. Auch haben viele Gasthöfe, besonders auf dem Lande, die, den gesteigerten Bedürfnissen der Fremden zu genügen, in Vorkriegszeiten sich mit einer Sammelheizung versahen, eine solche heute nur durchhalten können, wenn die Räume bei ständigem Fremdenverkehr dauernd benutzt werden. Andernfalls heizen sie Räume, in denen Fremde wohnen, mit kleinen Öfen, den Gastraum mit einem Großraumofen.

Wie sind nun solche Großraumöfen zweckmäßig beschaffen?

Zur Herabdrückung der Anlagekosten müssen wenige, dafür aber große Öfen zur Beheizung herangezogen werden. In diesem Falle tritt die Strahlungswirkung wegen der großen auftretenden Entfernungen zwischen dem Ort des Wärmebedürfnisses und dem Ofen zurück. Man ist aus diesem Grunde dazu übergegangen, die zweite Art der Wärmeabgabe eines Heizkörpers, die durch Leitung und Luftbewegung, heranzuziehen und hat in diesem Sinne die bekannten Konstruktionen ausgebaut. Zur Erreichung dieses Zieles ist es nötig, die **Oberfläche** der Öfen möglichst zu **vergrößern**, um genügende Heizflächen für die zu erwärmende Luft zu schaffen und diese vergrößerte Oberfläche so anzuordnen, daß sie möglichst viel Erwärmung erfährt, sei es durch die strahlende Wirkung des brennenden Feuers, sei es dadurch, daß sie von den heißen Rauchgasen ausreichend bespült wird (Abb. 31).

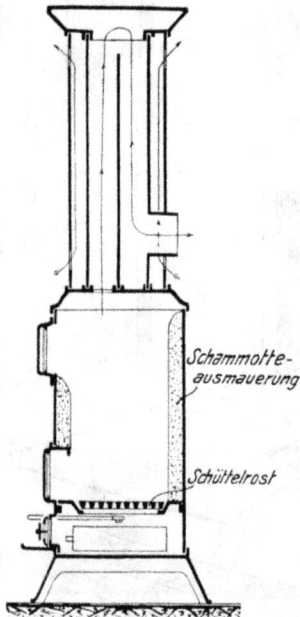

Abb. 31.
Großraumofen (Saalofen).

66

Eine Sonderkonstruktion von irischen Öfen für diesen Zweck ist durch einen Aufsatz gekennzeichnet, den von innen die Rauchgase durchstreichen, während er von Röhren durchzogen ist, die die Zimmerluft wärmen.

Andere Fabrikate erreichen eine Oberflächenvergrößerung dadurch, daß die sonst glatten Ofenoberflächen rippenförmig ausgebildet sind.

Diese Öfen sind auch äußerlich in verschiedenen Ausführungen zu haben, und in ihrer Ausstattung ist Wert darauf gelegt, daß sich die Form dem jeweiligen Zwecke anpaßt, was z. B. bei Kirchenöfen oft trotz schwieriger Lösung gut erreicht ist.

6. Spezialöfen.

A. Heiz- und Kochöfen.

Für Kleinsiedlungszwecke besonders landschaftlicher Art, für Übernachtungshäuser, Jagdhütten und ähnliche Zwecke wird vielfach ein Ofen gebraucht, der in demselben Maße Heizungs- wie Kochzwecken dienen muß, und zwar darf die Kochgelegenheit, wie aus den oben angegebenen Verwendungszwecken ersichtlich, nicht zu klein sein, sondern soll sogar zur Schaffung geringerer Mengen von Viehfutter neben der Bereitung der menschlichen Nahrung ausreichen.

Für diese Zwecke wird ein Ofen gebaut, der in der Küche vollständig den Ansprüchen an einen Kochherd gerecht wird, der aber gleichzeitig die dort entwickelte Wärme einem nebenan liegenden Raume mitteilt. Diesem zweiten Raum soll er naturgemäß gleichzeitig eine schmückende

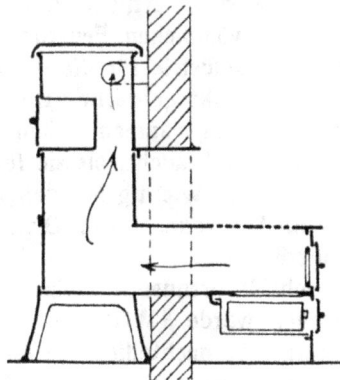

Abb. 32.
Heiz- und Kochofen.

Fläche zuwenden, wozu er um so mehr in der Lage ist, da der im Wohnraum befindliche Ofenteil keinerlei Feuerungs- und Aschfalltüren trägt (Abb. 32).

Bei den höheren Preisen, die solche Öfen erfordern, muß man berücksichtigen, daß sie gleichzeitig einen Küchenherd und einen Ofen ersetzen. Die große Verbreitung, die solche Öfen in einigen Gegenden Deutschlands, besonders in ländlichen Haushalten gefunden haben, zeigt, daß ihre Vorteile erheblich sind. Die Feuerung ist so groß gewählt, daß besonders Brennstoffe, die für Landhaushalte billig zu haben sind, wie z. B. Torf und Holz, gut darin verfeuert werden. Die große Heizfläche, die der am Herd angeschlossene Ofen aufweist, sorgt auch für eine gebührende Brennstoffausnutzung.

B. Spezialöfen für minderwertige Brennstoffe.

a) Holz- und Torfdauerbrandofen.

Für Landhaushalte in waldreichen Gegenden, für Försterwohnungen und Waldhütten, ist ein starkes Bedürfnis nach geeigneten Holzöfen vorhanden, und zwar muß das Holz am besten in großen sperrigen Stücken verfeuerbar sein, um nicht nur die Mühe und Kosten der Zerkleinerung zu sparen, sondern auch um Knüppelholz, so, wie es beim Holzfällen als Abfallprodukt entsteht, ohne Umstände verfeuern zu können.

Eine wirtschaftliche Verbrennung von großstückigem Holz in der gewöhnlichen Feuerung ist unmöglich, und so hat die Eisenofenindustrie für diese Zwecke besondere Feuerungsarten auf den Markt gebracht. Ein Hauptgrundsatz ergibt sich aus vorstehendem, nämlich, daß man bei weitem längere und größere Feuerräume braucht, als sie für hochwertige Brennstoffe sonst üblich sind. Wichtig ist, daß man diese Feuerräume luftdicht abschließen kann, um im Ofen die Wärme zu halten und einen Dauerbetrieb bei langsamem Abbrand zu erzielen, weil das sonst so schnell brennende Holz ein fortgesetztes Nachlegen nötig machen würde. Weiter ist die Verfeuerung auf einem Rost naturgemäß nachteilig, weil über dem Rost bei Holzfeuerungen die zur Erzielung einer hohen Temperatur im Feuerraum nötige glühende Holzkohlenschicht nur schwer entsteht. Daher zeichnen sich Spezialöfen für Holz dadurch aus, daß der Abbrand auf einer Platte, sei es aus Schamott, sei es aus Eisen, vor sich geht und die Verbrennungsluft seitlich zugeführt wird. Den von dem Feuerraum abziehenden Gasen muß hinreichend Gelegenheit geboten werden, ihre Wärme abzugeben, es darf daher die Ofenoberfläche nicht zu klein gewählt sein (Abb. 33). Infolge der vielen übereinstimmenden Eigenschaften, die Holz und Torf besitzen, eignen sich die nach obigen Gesichtspunkten konstruierten Holzöfen mit denselben Vorzügen auch zur Verfeuerung von Torf und meist auch für andere minderwertige Brennstoffe, wie Rohbraunkohle. Eine Spezialkonstruktion für Braunkohlenbriketts, die nach dem Prinzip der amerikanischen Dauerbrand-

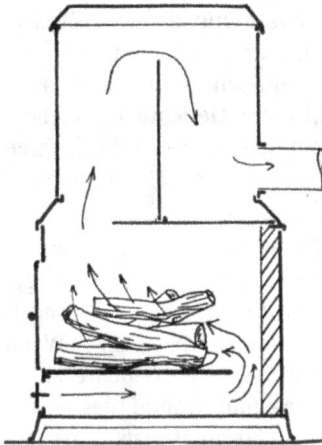

Abb. 33. Holzdauerbrandofen.

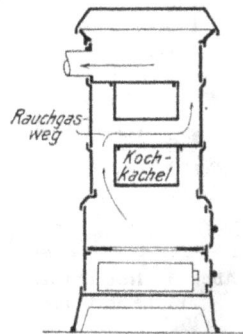

Abb. 34. Etagenofen.

Öfen gebaut wird, ist bereits unter diesen Öfen besprochen. Sonst lassen sich Braunkohlenbriketts, wie die anderen minderwertigen Brennstoffe, auch mit Erfolg in irischen Öfen verbrennen, besonders wenn man auf irgend eine der bei diesen Öfen besprochenen Möglichkeiten die Heizfläche des Ofens genügend vergrößert.

Bekannt als Ofen für alle Brennstoffe, insbesondere auch für Holz, Torf und andere minderwertige Brennstoffe, ist der seiner Entwicklung nach alte Etagenofen, von dessen Feuerung ausgehend, wie Abb. 34 zeigt, die Rauchgase verschiedene offene Wärmeröhren auf dem Wege zum Schornstein umspülen. Er wird auch heute noch in vielen Gegenden Deutschlands gern und mit Erfolg benutzt, und ist in manchen alten Häusern in auffallend schönen Ausführungsarten vorhanden.

b) Spezialöfen für Kleinhaushalt und Kleingewerbe.

Um bequeme Kochmöglichkeit auf einem billigen Ofen zu schaffen, hat man auf dem gewöhnlichen irischen Rundofen eine Erweiterung angebracht, welche die Benutzung eines oder mehrerer Kochlöcher gestattet (Abb. 35).

Auf diese Weise lassen sich für Übernachtungsräume, Bahnwärterhäuser und ähnliche Zwecke Gelegenheiten schaffen, mitgebrachte Speisen zu wärmen, auch wohl kleinere Gerichte zu kochen, trotzdem die ganze Anlage ihren Hauptvorteil als Zimmerheizung bietet.

Für kleingewerbliche Zwecke sind vielerlei Konstruktionen geschaffen worden, wie z. B. Bügelöfen, Leimöfen u. a. m. Wenn auch in größeren Betrieben Elektrizität, Gas und Dampf besser die Rolle des Heizmaterials übernehmen, so darf nicht vergessen werden, daß daneben immer noch eine Anlage zur Raumerwärmung notwendig wird. Diese doppelten Anlage- und Betriebskosten werden jedoch in manchem Kleinbetrieb zu drückend, und so erfreuen sich die kleinen Öfchen, welche neben dem gewerblichen Nutzen die Heizung mit übernehmen, großer Beliebtheit.

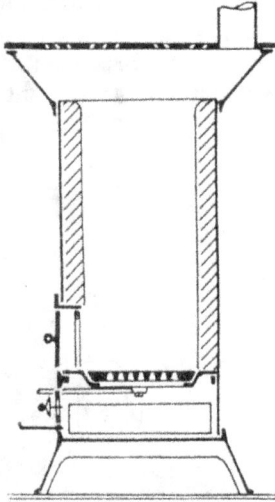

Abb. 35. Irischer Ofen mit Kocheinrichtung.

Während früher auf Bauten zur Austrocknung der Räume und in kälterer Jahreszeit zum Erwärmen der Arbeiter bei feineren Arbeiten fast ausschließlich offene Koksfeuer in Verwendung waren, ist man heute vielfach aus Gründen der Brennstoffersparnis und zur Vermeidung gesundheitsschädigender Folgen infolge des bei offenem Koksfeuer fehlenden Rauchabzuges zu kleinen eisernen Öfen übergegangen. Die unbedingte leichte Transportfähigkeit von einer Arbeitsstelle zur anderen ist durch leichte Bauart und durch leichte Zerlegbarkeit (herausschraubbare Füße usw.) solcher Öfen gewährleistet.

70

Abb. 36. Kaminofen.

7. Eiseneinsätze für Kachelöfen.

Im allgemeinen wird die Speicherung der Wärme bei eisernen Öfen in den Brennstoff verlegt, während sie bei Kachelöfen in der Masse des Ofens liegt. Beim Kachelofen wird also eine größere Brennstoffmenge mit einem Male verbrannt und die Wärme von den Tonmassen aufgenommen, die sie dann aber unregelbar über die Benutzungszeit des Ofens verteilen. Beim Eisenofen wird im Gegensatz hierzu nur immer eine so große Brennstoffmenge verbrannt, als sie gerade das Wärmebedürfnis des Raumes deckt, und zwar wird die Wärmemenge sofort nach ihrem Entstehen an den Raum abgeführt.

Es ist nun vielfach eine Verbindung dieser grundsätzlich verschiedenen Heizarten versucht worden. Der Vorteil dieser Zusammenstellungen ist folgender:

Die einen größeren Teil der Ofenoberfläche einnehmenden Eisenteile lassen eine schnellere Erwärmung des Raumes durch Ausnutzung der Strahlungswärme erreichen, so daß die bei Kachelöfen sehr unangenehm empfundene lange Anheizzeit fortfällt. Der Kachelbau hingegen wird durch seine Wärmeaufnahmefähigkeit ausgleichend wirken, wenn infolge unachtsamer Bedienung oder aus sonstigen Gründen die Heizgase mit zu hohen Temperaturen aus dem Eisenofen entweichen.

Zusammenstellungen der erwähnten Art sind einmal der eiserne Vorsatzofen vor den Kachelofen und dann der eiserne Einsatzofen in den Kachelofen.

Der eiserne Vorsatzofen vor dem Kachelofen ist in all den Fällen anwendbar, wo der Kachelofen über einen sehr guten Zug verfügt, aber die Erwärmung des Zimmers allein nicht zu leisten vermag. In diesem Fall kann ein gewöhnlicher Irischer Ofen vor den Kachelofen gestellt

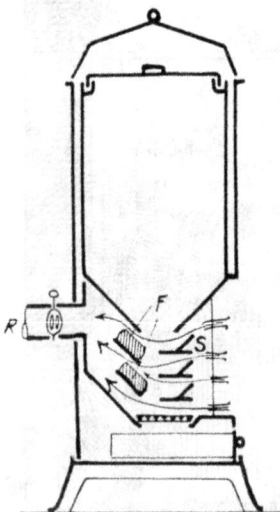

Abb. 37. Cadéofen.

und genau so betrieben werden wie der normale Irische Ofen. Will man dagegen in dem Vorsatzofen mit hochwertigen Brennstoffen einen Dauerbetrieb erzeugen, so empfiehlt sich ein für diese Zwecke besonders konstruierter Ofen, der sogenannte Cadéofen. Der, wie aus der Abb. 37 ersichtlich, zuglose Ofen hat einen geringen Widerstand, so daß er zusätzlich zum Kachelofen gebraucht werden kann. Das Feuer liegt offen nach dem zu beheizenden Zimmer, durch einen Stehrost S am Herausfallen gehindert. Der Rauchabzug R wird zweckmäßig in die Feuertür des Kachelofens eingeleitet. Nach hinten begrenzen das Feuer Schamottsteine F, die einen günstigen Einfluß auf die Verbrennung ausüben. Als Brennstoff eignet sich Anthrazit, Magerkohle und guter Koks, die an sich nicht ohne weiteres im Kachelofen verbrannt werden können.

Natürlich beansprucht eine solche Einrichtung einen größeren Raumbedarf als ein einfacher Ofen. Deshalb ist es vielfach, zumal wenn auch die Zugverhältnisse nicht ganz einwandfrei gut sind, besser, den eisernen Ofen in den Kachelofen hineinzubauen in Form des eisernen Einsatzofens.

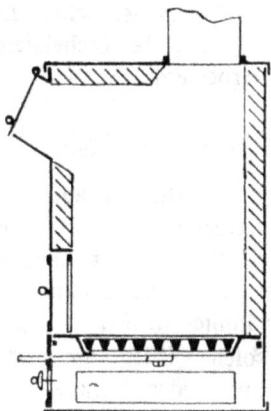

Abb. 38.
Irischer Einsatzofen.

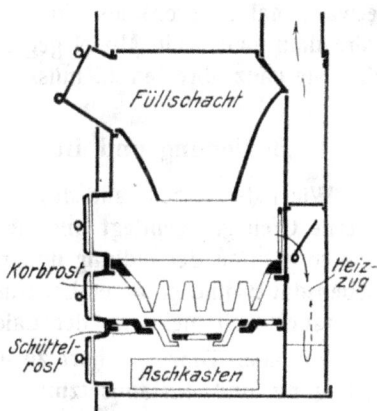

Abb. 39.
Amerikanischer Einsatzofen.

Nach Art der Irischen Öfen gebaut, hat er alle Eigenschaften eines solchen, wie sie in dem Kapitel „Irische Öfen" eingehend beschrieben sind. Hervorgehoben soll noch sein, daß er also auch zur Verfeuerung aller beliebigen Brennstoffe geeignet ist, und zwar auch solcher, wie sie im Kachelofen im allgemeinen sonst nicht gebrannt werden dürfen, ohne diesen in die Gefahr des vorschnellen Auseinandergehens zu bringen, wie z. B. Koks und Steinkohle (Abb. 38). Nach dem Prinzip des amerikanischen Dauerbrandofens (Abb. 39) gebaut, weist er die im Kapitel „Amerikanische Dauerbrandöfen" beschriebenen Eigenschaften auf. Er ist also, wie alle amerikanischen Öfen, dort sehr angebracht, wo auf dauernde Erwärmung Wert gelegt wird, und wo ein bestimmter Brennstoff, auf den der Ofen zugeschnitten ist, wie z. B. Koks oder Anthrazit, stets greifbar ist. Sein Vorteil liegt in der gleichmäßigen Erwärmung bei sparsamstem Verbrauch infolge seines guten Wirkungsgrades.

Bei allen Eiseneinsätzen in Kachelöfen ist noch das zu erwähnen, daß durch den Einsatz der Füllraum des Ofens stark vergrößert wird und dadurch die Bedienung sich erleichtert. Ebenso soll nicht vergessen werden, daß zu kleine Kachelöfen, die die Erwärmung ihres Raumes nicht schaffen, durch solchen Einsatz erheblich verbessert werden; denn die neu hinzukommenden Eisenflächen haben eine weitaus größere Wärmeabgabe (etwa 7 mal so groß) als eine gleich große Kachelfläche. Es wäre damit auch ein Mittel gegeben, ungenügende Kachelöfen, ohne sie ganz abreißen zu müssen, zu verbessern.

8. Bedienung und Betrieb der eisernen Öfen.

Wie jeder Gegenstand des täglichen Bedarfes will auch der eiserne Ofen gut gepflegt und richtig gewartet sein, und lohnt eine sorgfältige Behandlung und richtige Wartung mit längerer Lebensdauer und größerer Leistung bei geringerem Brennstoffverbrauch weit mehr, als der Laie gewöhnlich denkt.

Vor allen Dingen gehört zu einer solchen Pflege die große Reinigung und Instandsetzung am Ende jeder Heizperiode. Hierfür ist einerseits ein rein wirtschaftlicher Gesichtspunkt maßgebend. Die Händler und Firmen der Eisenofenbranche haben naturgemäß im Frühjahr eine stillere Geschäftszeit als im Herbst, wo die ganzen Bestellungen für die neue Heizperiode eingehen. Also werden gerade die kleineren Einkäufe von Ersatzteilen, die zur Wiederinstandsetzung nötig sind, zu dieser Zeit weit sorgfältiger von den Firmen ausgeführt werden können.

74

Anderseits ist es schädlich für den Ofen, wenn er verschmutzt den Sommer über stehen bleibt. Die Ablagerungen durch Ruß und Flugasche verkrusten im Laufe der Zeit unter Hinzutritt von Feuchtigkeit und sind dann nur mit Mühe zu entfernen. Die Rostbildung wird in einem schlecht gereinigten Ofen begünstigt, und führt einen unnötig schnellen Zerstörungsprozeß herbei. Ein letzter Gesichtspunkt für die Reinigung im Frühjahr ist aber auch der, daß bei eintretendem warmen Wetter Zeit zu dieser Arbeit vorhanden ist. Wird die Reinigung bis zum Herbst verschoben, so wird plötzlich eintretendes Heizbedürfnis diese wichtige Arbeit unmöglich machen oder in Vergessenheit geraten lassen.

Was gehört nun zu diesem Nachsehen der Öfen nach jeder Heizperiode?

Der Rost ist von Schlacken und Aschenresten gründlich zu säubern. Die Rostspalten sind freizulegen. Die Rauchgaswege sind zugänglich zu machen und sauber zu kehren. Auch bei guter Verbrennung wird sich im Laufe einer Heizperiode Ruß ansetzen. Da Ruß ein schlechter Wärmeleiter ist, verhindert er die Wärmeübertragung der Heizflächen und ein großer Teil der sonst für die Raumheizung nutzbaren Wärme entweicht unausgenutzt in den Schornstein. Ersatz für die schadhaft gewordenen Teile des Ofens kann durch Vermittlung des Händlers bezogen werden. Die Herstellung der Öfen im Serienbetrieb in jeder größeren Fabrik ermöglicht es mit Sicherheit, daß jedes Einzelteil selbst nach Jahren so nachzubeziehen ist, daß es sofort an die Stelle des verbrauchten tritt.

Besonders ist auf den Ersatz etwa verbrauchter Schaugläser in den Feuertüren zu achten. Diese, meist aus Marienglas (Glimmer) bestehend, sind verhältnismäßig empfindlich. Im Falle der Beschädigung sind die Öfen nicht dicht und saugen Falschluft an. Sind mehrere Öfen an einem Schornstein angeschlossen, so behindern sie sich durch diese Falschluftzuführung gegenseitig und lästiges Qualmen besonders beim ersten Anheizen ist die Folge.

Die äußeren Oberflächen der Öfen, die aus hygienischen Gründen möglichst glatt sein sollten, sind von Staub und Schmutz gründlich zu reinigen. Etwaige Emaille ist durch Spiritus des öfteren abzureiben, damit die Politur erhalten bleibt.

Ist der Ofen in dieser Weise instand gesetzt, so werden alle Lufteintrittsöffnungen fest verschlossen. Er ist so für die nächste Heizperiode betriebsbereit.

Aber auch während des Heizens selbst ist eine gewisse Säuberung und eine sachgemäße Wartung notwendig. Die Bedienung der Einzelarten ist natürlich in vielem verschieden und soll nachher für die hauptsächlichsten Ofenarten noch getrennt besprochen werden. Folgende Gesichtspunkte sind aber für alle Öfen maßgebend.

Der Rost und Aschfall ist vor dem jeweiligen Anheizen zu säubern.

Bei guten Öfen steht das Verhältnis von Ofengröße zur Rostgröße in einem ganz bestimmten, durch lange Erfahrungen und Überlegungen gefundenen festen Verhältnis, damit dem Ofen für den normalen Betrieb genügend Verbrennungsluft zugeführt werden kann. Es ist verständlich, daß, wenn sich durch Schlacke und Asche ein Teil der Rostspalten zusetzt, die Luftzufuhr ungenügend wird und die Verbrennung leidet. Dasselbe findet statt, wenn der Aschfall so voller Asche liegt, daß die Luft nicht mehr in genügenden Mengen zutreten kann. Insbesondere wird dann die Luft nicht mehr gleichmäßig unter dem Rost verteilt, und nur eine Seite des Füllschachtes wird ordnungsmäßig brennen, während die andere langsam und mit großen Verlusten schwelt. Erwähnt soll noch werden, daß ungereinigter Rost und Aschfall infolge ungenügender Zufuhr kalter Luft leicht übermäßige Wärmestauungen am Rost hervorrufen können, die seine Lebensdauer stark beeinträchtigen.

Die Ofenfüllräume und Aschfalltüren müssen beim Betrieb dicht geschlossen sein.

Alle Arten eiserner Öfen sind mit Reguliervorrichtungen versehen, die es ermöglichen sollen, die Wärmeabgabe des Ofens dem Wärmebedürfnis des Raumes anzupassen. Ist auch nur eine Tür im Ofen undicht, so kann durch diese viel mehr Luft einströmen, als durch das Einstellen der Reguliervorrichtung beabsichtigt ist, so daß diese vollkommen ihren Zweck verfehlt.

Die Reguliervorrichtungen sind langsam und unter dauernder Beobachtung des Feuers zu bedienen.

Bei jedem Ofen finden sich die verschiedenartigsten Reguliervorrichtungen, die die Luftzufuhr für das Anheizen, die starke, die mittlere und die schwache Wärmeabgabe regeln. Für das Anheizen wird die größte Luftzufuhr gebraucht. Es ist in diesem Stadium die Erwärmung des Ofens zu leisten, damit sich genügend hohe Temperaturen im Feuerraum und eine lebhafte Verbrennung herausbilden können. Außerdem ist aber auch der Schornstein noch mit zu erwärmen, um den für den weiteren Brand notwendigen Zug zu erzeugen. Ist der Ofen in Glut, so verstelle man die Reguliervorrichtungen nicht plötzlich auf schwach, sondern gehe langsam und schrittweise vor, da sonst leicht Erlöschen des Feuers eintritt. Denn bei zu starker Drosselung der Luftzufuhr infolge plötzlichen Kleinstellens genügt die Luft nicht mehr zur Versorgung des ganzen glühenden Brennstoffes, es tritt ein allgemeines Erkalten ein, und die Temperatur kann, besonders bei schwer entzündlichen Brennstoffen, wie z. B. Koks, unter die Entzündungstemperatur des Brennstoffes sinken und so das Weiterbrennen verhindern. Wird dagegen die Luftzufuhr langsam abgedrosselt, so wird eine Schicht nach der anderen im Abbrand nachlassen, eine gewisse Menge Brennstoff jedoch noch genügend Sauerstoff zum Weiterbrennen erhalten. Außerdem schließt aber auch das plötzliche Drosseln der Regulierung eine Gefahr für den Rost in sich, da dieser nicht mehr durch die kalte Verbrennungsluft gekühlt wird, während das im Ofen befindliche Feuer noch in höchster Entwicklung steht. Es treten Erwärmungen des Rostes und der benachbarten Eisenteile ein, die weit über den normalen liegen und daher einen schnellen Verschleiß zur Folge haben müssen.

Die Wirkung der Reguliervorrichtung ist für jeden Schornstein besonders zu erproben.

Wichtig ist es nun für einen Dauerbetrieb mit eisernen Öfen, die Stellung der Regulierung zu kennen, bei der der Ofen mit dem geringsten Brennstoffverbrauch gerade noch weiter brennt, ohne zu erlöschen. Die dazu nötige Luftmenge kann von der Fabrik nicht für alle Fälle festgelegt werden. Die Aufschriften an den Regulierungsvorrichtungen sind also nur als allgemeine Orientierungsangaben aufzufassen. Die Stellung wird je nach dem Schornstein verschieden sein. Ist der Schornsteinzug gut, so wird durch eine kleine Öffnung schon genügend Luft zum Durchbrennen durchgesaugt werden können, ist er schlecht, so wird man die Lufteintrittsöffnungen größer lassen müssen. Zur sparsamen Brennstoffwirtschaft wird also jeder Ofen zusammen mit seinem Schornstein erst einige Male ausprobiert werden müssen. In kurzer Zeit wird man dann allerdings die sparsamste und günstigste Regulierung herausgefunden haben. Selbst wenn derselbe Ofen nur innerhalb der Wohnung an einen anderen Schornstein versetzt wird, so wird die Einregulierung für den schwächsten Weiterbrand neu ausprobiert werden müssen.

Bei Störungen im Betrieb hat bei nicht schadhaften Öfen meist der Schornstein die Schuld.

Der Benutzer eines Ofens ist geneigt, Störungen im Betrieb auf das Schuldkonto des Ofens zu schreiben. Solche Störungen sind in der Hauptsache das Rauchen eines Ofens. Tritt ein solches Rauchen in der Übergangszeit und beim ersten Anheizen eines eisernen Ofens auf, so ist in fast allen Fällen der Schornstein schuld daran. In dieser Zeit kann es vorkommen, daß die in dem Schornstein befindliche Luftsäule kälter ist als die Außenluft, also einem Ausströmen der Gase nach der Schornsteinöffnung zu entgegenwirkt. Ist in solchen Fällen der Schornstein zugänglich, so wird Abhilfe leicht erreicht durch Entzünden eines kleinen Papierfeuers im Schornstein selbst, eines sogenannten Lockfeuers. Zu diesem Zweck wäre die sonst vom Schornsteinfeger benutzte Reinigungsklappe zu öffnen und ein in den Schornstein gehaltenes Stück Papier oder Strohbündel zu entzünden. Die dabei entwickelte Wärme genügt meist schon, die kalte Luftsäule aus dem Schornstein zu verdrängen und den Zug des Ofens zu bewirken. Es ist nur unbedingt darauf zu achten, daß die Reinigungsklappe wieder fest und luftdicht verschlossen wird. Ist der Schornstein nicht zugänglich, so kann man sich dadurch helfen, daß man lange, zusammengefaltete Papierenden in das Abzugsrohr des Ofens einführt und entzündet. Das dadurch gebildete Feuer hat nicht den Ofen zu durchstreichen, sondern kommt mit der entwickelten Wärme direkt dem Schornstein zugute.

Will man sich davon überzeugen, ob der Ofen oder der Schornstein schuld am Versagen der Heizeinrichtung ist, so kann man den fraglichen Ofen im Freien aufstellen und mit einer etwa 6 m langen Rohrverbindung versehen. Brennt er in diesem Falle ohne Anstände gut, so ist erwiesen, daß er den ihm gestellten Anforderungen genügte und daß bei normalen Zugverhältnissen sein Betrieb einwandfrei sein müßte. In diesem Falle ist von einem Fachmann der Schornstein zu untersuchen (vgl. Kapitel I/6 „Der Schornstein bei Hausfeuerungen").

Jeder Ofen hat eine bestimmte Größe der Wärmeabgabe, für die er am günstigsten wirkt.

Für jede Ofenart sind in den Katalogen der Firmen verschiedene Größen angegeben. Jede dieser Ofengrößen entspricht einer gewissen Wärmeabgabe, die mit diesem Ofen erzielt werden kann. Die Größe der Öfen, die notwendig ist, ist auf Grund der im Kapitel I/5 „Die Wärmeverluste der Wohnräume und die Wahl geeigneter Ofengrößen", S. 28, angegebenen Daten zu errechnen. Bei dieser Leistung arbeitet der Ofen.am günstigsten. Für sie ist einerseits die Rostgröße und die Größe der Luftzuführungsöffungen eingerichtet, anderseits aber auch in ganz besonderem Maße die Ofenoberfläche gewählt. Wird diese Leistung wesentlich überschritten oder unterschritten, so leidet darunter die günstige Brennstoffausnutzung. Bei zu kleinen Öfen wird dauernd ein stark forzierter Betrieb unterhalten werden müssen. Der Ofen wird überanstrengt. Die Rauchgase, die mit hohen Temperaturen aus dem Feuerraum kommen, finden an den zu kleinen Oberflächen nicht Gelegenheit genug, ihre Wärme abzugeben und gehen mit zu viel unausgenutzter Energie in den Schornstein. Da bei normalem Betrieb das Zimmer nicht warm genug wird, müssen die Ofenflächen bis zur Rotglut erhitzt werden. Diese kleinen heißen Flächen strahlen unangenehm viel Wärme aus, alles in der Nähe des Ofens wird schwarz und versengt. Der Ofen selbst leidet und wird zu schnell abgenutzt. Ein zu großer Ofen wird diesen Schaden nicht anrichten, er kann aber beim Anheizen Schwierigkeiten machen. Die Rauchgase werden im Ofen zu sehr abgekühlt und haben nicht mehr genug Wärme zur Erzielung des Schornsteinzuges. Auch ist sein Füllraum so groß bemessen, daß der Brennstoff, der zur Erzielung der gewünschten Wärme ausreichte, nicht in der genügenden Schichthöhe liegt, der Betrieb also annormal und unrationell wird.

In Anbetracht der großen Wichtigkeit der Ofenwahl, kann nur ganz dringend geraten werden, vor Anschaffung fachmännischen Rat einzuholen.

Die angeführten Wirkungen, die durch die Abhängigkeit der Brennstoffausnutzung von der Größe der von dem Ofen abzugebenden Wärmemengen bedingt werden, sind nicht nur auf jahrelange praktische Erfahrungen gegründet, sondern auch das Ziel wissenschaftlicher Untersuchungen gewesen[1]).

So z. B. gibt die folgende Abb. 40 die Abhängigkeit der günstigen Brennstoffausnutzung von der Menge des stündlich verfeuerten Brennstoffes wieder.

Es zeigt sich, daß die Brennstoffausnutzung bei einer ganz bestimmten verbrannten Brennstoffmenge, d. h. auch zugleich

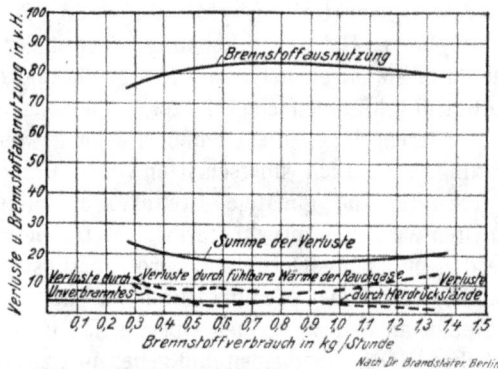

Abb. 40.

Dieses Bild zeigt die Brennstoffausnutzung in einem amerikanischen Dauerbrandofen, sowie die Zusammensetzung der Gesamtverluste aus ihren Einzelbestandteilen.

bei einer ganz bestimmten Wärmeleistung einen Höchstwert erreicht, und dann nach beiden Seiten die Mehr- sowie die Minderleistung anfangs schwächer, dann stärker absinkt. Das bedeutet also, daß der Ofen für einen Raum bestimmt sein sollte, dessen Wärmebedarf dieser Höchstleistung in mittleren Zeiten entspricht. Für Übergangszeiten und für Tage größeren Wärmeverbrauchs ist dann der etwas geringere, aber auch immer noch gute Wirkungsgrad der rechts und links anschließenden Kurvenäste maßgebend. Wird allerdings der Ofen in einen Raum gestellt, der so falsch bemessen ist, daß die Brennstoff-

---

[1]) Aus Brandstäter „Verfahren zur Untersuchung amerikanischer Dauerbrandöfen". Verlag Oldenbourg, München und Berlin.

ausnutzung schon bei normalem Betrieb schlecht ist, so wird bei einer Mehr- oder Minderbelastung der Wirkungsgrad ganz unzulässig weit absinken.

Bei Füllschachtöfen ist eine gewisse Brennstoffmenge im Füllschacht notwendig zum sparsamen Betrieb.

Bei amerikanischen Dauerbrandöfen, bei denen bekanntlich der Füllschacht über dem das Feuer beherbergenden Korbrost angebracht ist, ist zum mindesten notwendig, daß das Brennmaterial noch z. T. im Füllschacht bleibt. Brennt es weiter

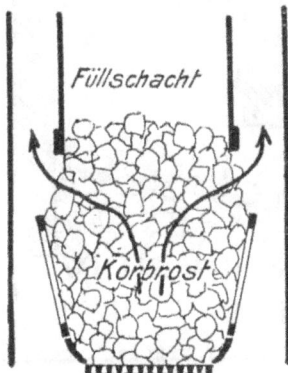

Abb. 41.
Brennstoffüllung richtig.

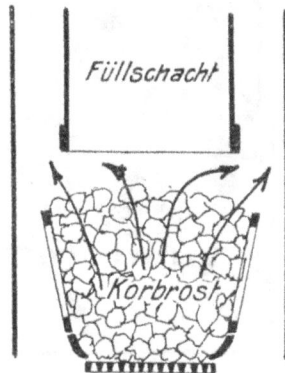

Abb. 42.
Brennstoffüllung zu niedrig.

herunter, so entstehen Verhältnisse, die den Ofen aus·seinem Beharrungszustand reißen, in dem er durch die Einstellung der Regulierung gehalten werden soll. Der Brennstoff stellt in dem Wege der Rauchgase aus der Feuerung durch den Ofen zum Schornstein einen erheblichen Widerstand dar. Dieser Widerstand wird durch den Zug des Schornsteines überwunden. Bei stets gleich bleibender Form der Brennstoffmasse (Abb. 41), d. h. so lange frischer Brennstoff aus dem Füllschacht nachfallen kann, bleibt dieser Widerstand der gleiche und es wird nur so viel Luft dem Ofen zugeführt, als er zur Verbrennung der gewünschten Brennstoffmenge braucht. Sinkt nun der Brennstoffkegel über dem Korbrost, weil der Füllschacht leer ist, so entsteht eine Brennstoffschichtung nach Abb. 42. Der Widerstand, den der Schornsteinzug zu überwinden hat, wird erheblich geringer, es wird infolgedessen mehr Luft durchgesaugt, die Reguliervorrichtungen haben ihre Wirkung verloren und der Ofen geht durch, d. h. unnötig viel Wärme wird bei schlechten Verbrennungsverhältnissen erzeugt.

Ähnlich verhält es sich bei dem irischen Ofen (Abb. 43 und 44). Auch hier stellt die Brennstoffsäule den Hauptwiderstand dar, der durch den Schornsteinzug zu überwinden ist, zumal die sonst einfache Konstruktion Widerstände kaum auf-

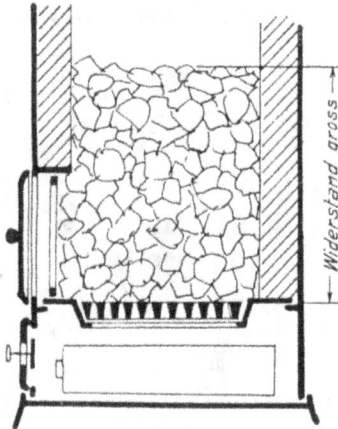

Abb. 43.
Brennstoffhöhe richtig.

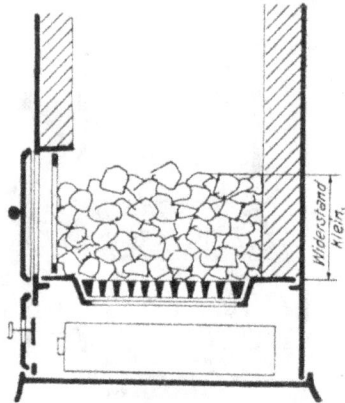

Abb. 44.
Brennstoffhöhe zu klein.

weist. Wissenschaftliche Untersuchungen[1]) haben nun die günstigste Brennstoffhöhe und damit den günstigsten Widerstand des Ofens erkennen lassen.

Ein solche Aufschlüsse zulassendes Diagramm sei im folgenden dargestellt (Abb. 45).

Es zeigt sich in diesem Diagramm als günstigste Schichthöhe eine Füllung des Ofens, die zwischen $^3/_4$ oder $^2/_3$ seines Gesamtinhaltes liegt. Dieses Ergebnis $^2/_3$ bis $^3/_4$ Füllung ist durch eine große Reihe Versuche stets wieder bestätigt worden. Dies heißt also, daß bei einer Füllung in obigen Grenzen der Widerstand im Ofen so beschaffen ist, daß er, verbunden mit einer guten Reguliermöglichkeit unter diesen Betriebsverhältnissen am günstigsten arbeitet.

---

[1]) Prof. Dr.-Ing. Bonin, Technische Hochschule, Aachen.

82

Die Linie der Füllung *F*, die versuchstechnisch so erzielt wurde, daß in gewissen Zeitabständen stets frischer Brennstoff aufgeworfen wurde, zeigt, daß eine Schwankung bis Füllung ½ herunter keinen wesentlichen Einfluß auf die Brennstoffaus-

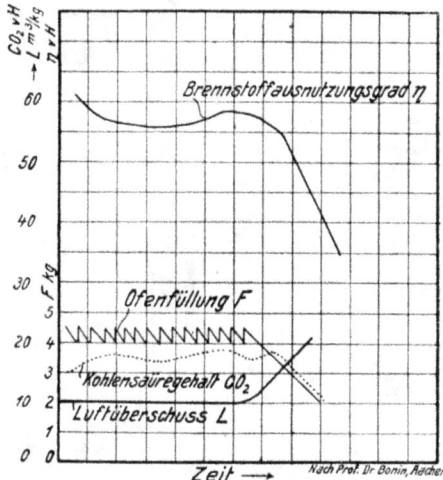

Abb. 45.

Dieses Bild zeigt, in welcher Weise sich der Brennstoffausnutzungsgrad η eines irischen Ofens ändert, wenn die anfangs durch dauerndes Nachlegen konstant gehaltene Ofenfüllung *F* abzusinken beginnt. Infolge der absinkenden Ofenfüllung *F* steigt die Luftüberschußzahl *L*, was sich bei der Untersuchung des Ofens durch den geringer werdenden Kohlensäuregehalt CO_2 bemerkbar machen würde. Die Versuche sind mit Zechenkoks durchgeführt.

nutzung (η-Kurve) hat. Dies ist praktisch insofern wichtig, als es nicht nötig erscheint, in allzu kurzen Zwischenräumen neuen Brennstoff aufzulegen. Sinkt aber die Füllung wesentlich herab, so steigt der bis dahin gleich gebliebene Luftüberschuß an (Linie *L*) und es treten dieselben Verhältnisse ein, wie sie beim amerikanischen Dauerbrandofen besprochen wurden.

Diese Überlegungen werden noch bestätigt durch ein zweites aus einer großen Reihe von Versuchen gewonnenes Diagramm[1]) (Abb. 46). Hieraus zeigt sich nämlich, daß der Einfluß der Brennstoffschicht geringer ist, einmal bei dicht liegendem Brennstoff (Anthrazit) als bei locker liegendem Brennstoff

---

[1]) Auch Prof. Dr.-Ing. Bonin, Aachen.

(Gaskoks) und dann bei Öfen mit Zusatzheizfläche gegenüber Öfen ohne Zusatzheizfläche. Dies ist erklärlich, weil bei dicht liegendem Brennstoff der Widerstand, den die Luft zu überwinden hat, an sich größer ist, als bei locker liegendem, wo die

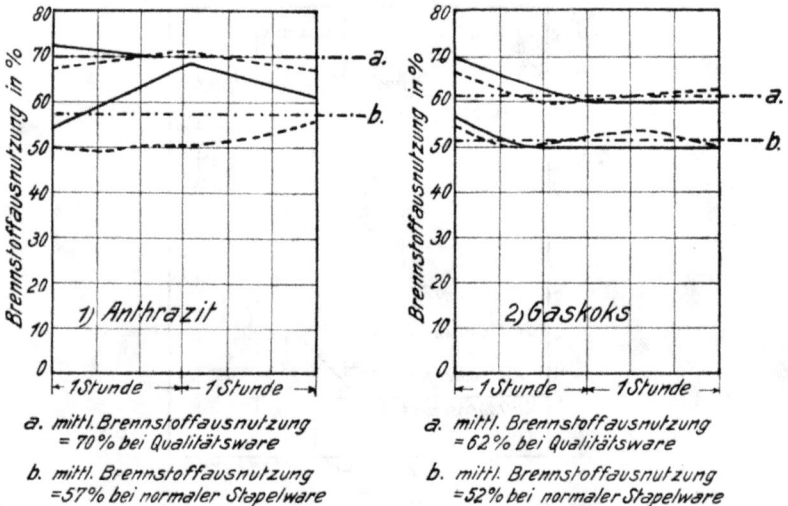

a. mittl. Brennstoffausnutzung = 70 % bei Qualitätsware

b. mittl. Brennstoffausnutzung = 57 % bei normaler Stapelware

a. mittl. Brennstoffausnutzung = 62 % bei Qualitätsware

b. mittl. Brennstoffausnutzung = 52 % bei normaler Stapelware

Nach Prof. Dr. Bonin, Aachen.

Abb. 46.

Dieses Bild zeigt die Brennstoffausnutzung bei gewöhnlichen irischen Öfen (normale Stapelware) und Öfen besonders sorgfältiger Ausführung (Qualitätsware). Die Ergebnisse wurden festgestellt an je 2 Exemplaren jeder der beiden Typen und zwar:

1. mit dichtliegendem Brennstoff (Anthrazit),
2. mit lockerliegendem Brennstoff (Gaskoks).

Die Brennstoffersparnis bei Verwendung von Qualitätsöfen anstatt gewöhnlicher Öfen beträgt hiernach im Mittel

$$\frac{70-57}{70} = 18,0\,\% \quad \text{bis} \quad \frac{62-52}{62} = 16,5\,\%.$$

Luft leichter zwischen den nur lose aneinanderliegenden Brennstoffstücken durchzustreichen vermag. Anderseits wirkt, wie unter dem Kapitel „Rauchgasführung" dargestellt, eine solche richtig bemessene Zusatzheizfläche als Bremse, ebenfalls den notwendigen Widerstand erzeugend.

Zusammenfassend kann also über diesen Punkt gesagt werden, daß durch die Brennstoffschicht für jeden Ofen ein gewisser Widerstand erzeugt wird, dessen Größe durch die Konstruktion des Ofens bedingt ist und daß dieser

Widerstand zum rationellen Betrieb des Ofens notwendig ist, also auch in der Bedienung des Ofens berücksichtigt werden muß.

Zu weites Ausgehenlassen erschwert das Wiederanheizen und macht es unmöglich.

Hat man einen Ofen, gleich welchen Systems, zu weit ausbrennen lassen, so macht das Wiederanheizen Schwierigkeiten. Einmal kann die wenige noch vorhandene Glut in diesem Fall durch den Hinzutritt neuen kalten Brennstoffes so weit abgekühlt werden, daß sie unter die Entzündungstemperatur des Brennstoffes sinkt, was besonders bei Brennstoffen mit hohen Entzündungstemperaturen, wie z. B. Koks, leicht der Fall ist. Dann wird aber auch in vielen Fällen das Ausgehen des Ofens durch Ersticken des Feuers herbeigeführt, indem sich die neue Kohle so um den glühenden Brennstoffrest legt, daß die Luftzufuhr unmöglich wird. Diese Übelstände können bei richtigem, zeitigem Neuauflegen nicht auftreten.

Falls Dauerbrand beabsichtigt ist, wird als letzter Zeitpunkt für das Nachlegen der zu betrachten sein, bei dem der irische Ofen unter $\frac{1}{3}$ seiner Füllschachthöhe herunter gebrannt ist, beim amerikanischen Ofen, wenn der Brennstoff nicht mehr vollkommen an den Füllschacht heranreicht.

Auf Grund der im vorstehenden aufgestellten Gesichtspunkte für die Bedienung und den Betrieb eiserner Öfen, sollen in folgendem kurze Bedienungsvorschriften für die hauptsächlichsten Brennstoffarten und Ofentypen gegeben werden.

Das über irische Öfen Gesagte gilt auch für alle Sonderfälle dieser Konstruktionsart, wie Kochöfen irischen Systems, Saal- und Großraumöfen, Aufsatzöfen sowie Eiseneinsätze irischen Systems in Kachelöfen.

Das für amerikanische Öfen Gesagte gilt entsprechend für alle Sonderfälle des amerikanischen Ofens.

1. Irische Öfen.

a) Gasreiche und nicht backende Brennstoffe, z. B. Steinkohle, Braunkohlenbriketts: es empfiehlt sich der Abbrand von oben nach unten. Vorteile und wärmetechnische Berechtigung dieser Brennweise (vgl. S. 19).

Bedienung: Aschfall und Rost reinigen.

Alle Türen bis auf Aschfalltür schließen.

Ofenfüllschacht mit Brennstoff ausfüllen.

Auf dem Brennstoff mit Anheizmaterial[1]) ein Feuer an-machen. Aschfalltür schließen und Regulierung auf gewünschte Wärmeabgabe einstellen.

b) Gasarme und backende Brennstoffe, sowie feuchtes, schwer anbrennendes Material, z. B. Koks, Rohbraun-kohle, Torf: Abbrand von unten nach oben.

Bedienung: Aschfall und Rost reinigen.

Alle Türen bis auf Aschfalltür schließen.

Auf dem Rost mit Anheizmaterial Feuer anzünden.

Wenig Brennstoff auflegen und wenn dieser in Glut, Füllschacht vollfüllen.

Aschfalltür schließen und Regulierung auf die gewünschte Wärmeabgabe einstellen.

2. Amerikanische Dauerbrandöfen.

Brennstoffe: Anthrazit, Magerkohle, Mischung von Koks und Magerkohle.

Bedienung: Aschfall und Rost reinigen.

Alle Türen bis auf Aschfalltür schließen.

Auf dem Rost mit Anheizmaterial Feuer entzünden.

Etwas Brennstoff, etwa 2 Hände voll, auflegen.

Aschfalltür schließen und Regulierung auf Anheizen (sehr stark) einstellen.

Wenn Brennstoff in Glut, durch den Füllschacht Ofen vollfüllen und Regulierung auf die gewünschte Wärmeabgabe einstellen.

Die Bedienung beim Dauerbrand beschränkt sich neben der Sauberhaltung des Rostes während des Betriebes durch

---

[1]) Unter Anheizmaterial soll verstanden sein: etwas Papier und dazu klein gemachtes Holz bezw. Anheiztorf (ein heller, trockener, leicht brennender Torf). In der gleichen Weise verwendbar sind die im Handel befindlichen Kohlenanzünder, die sich in holzarmen Gegen-den leicht billiger herstellen lassen, als das sonstige Anheizmaterial.

Bewegung des Schüttelrostes und einer einmaligen Reinigung des Aschfalles am Tage auf rechtzeitiges Aufgeben neuen Brennstoffes.

3. Spezialöfen.

Die Spezialöfen haben auf Grund ihrer Sondereinrichtungen besondere Bedienungsvorschriften, die genau eingehalten werden müssen, um den gewünschten sparsamen und guten Brand zu erzielen. Der Zweck und die Wirkung der einzelnen vorgeschriebenen Handhabungen werden auf Grund der in diesem Kapitel gegebenen allgemeinen Gesichtspunkte leicht verständlich sein.

III. Luftheizung.

Mit der freien Aufstellung des Ofens im Raum, wobei in der Hauptsache die Wärmestrahlung zur Geltung kommt, ist die Verwendungsmöglichkeit des eisernen Ofens keineswegs erschöpft. Den Bedürfnissen der Zeit entsprechend ist er in dem letzten Jahrzehnt immer mehr auch als Luftheizofen verwendet worden, um von einer Feuerstelle aus zwei und mehr Räume zu erwärmen.

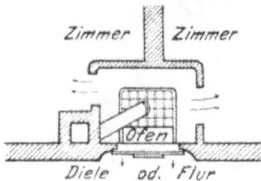

Abb. 47 a.

Zu diesem Zweck wird der Ofen von einer Ummantelung aus Ziegelsteinen, Kacheln, Zementdielen o. ä. — Heizkammer genannt — umschlossen. Er wirkt dann nicht mehr durch unmittelbare Wärmestrahlung, sondern mittelbar, indem die Raumluft, die durch die unteren Öffnungen in die Heizkammer eintritt, sich am Ofen erwärmt und als Warmluft durch die oberen Öffnungen in das Zimmer ausströmt. Dadurch entsteht eine beständige Zirkulation, die man als Umwälzung der Raumluft bezeichnet. Die Austrittsöffnungen der warmen Luft werden mit Gittern versehen, die es ermöglichen, die Wärmezufuhr für jeden Raum zu regeln oder ganz zu unterbinden. Der Ofen wird meist so aufgestellt, daß seine Bedienung vom Flur oder der Diele aus erfolgen kann. Abb. 47a zeigt eine derartige Anordnung, die man kurzweg vielfach Dielenheizung nennt. Als Ofen benutzt man den sogenannten Einsatzofen,

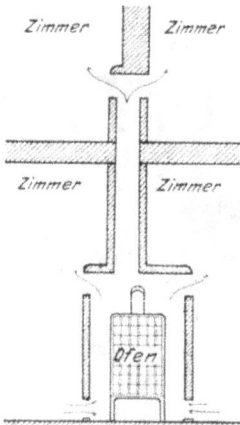

Abb. 47 b.

88

der auch zum Einbau in Kachelöfen vielfach verwendet wird, wo diese sich als unzulänglich erweisen.

Sollen in einem darüber liegenden Stockwerk ebenfalls Räume geheizt werden, so wird von der Heizkammer nach oben

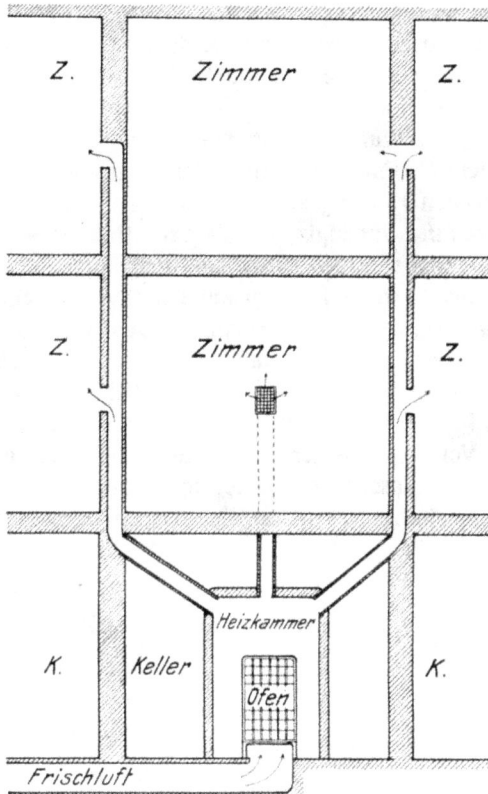

Abb. 48. Frischluft-Ventilationsheizung.

ein Warmluftkanal geführt, dessen mit Gittern versehene Öffnungen die Warmluft in die oberen Räume ausströmen lassen (Abb. 47 b).

Für die Anwendung der vorstehend geschilderten Heizungen ist zentrale Lage der zu erwärmenden Räume Bedingung. Es ist dabei zu berücksichtigen, daß nur eine beschränkte Anzahl Zimmer von einer Stelle aus erwärmt werden kann. Liegen die Räume nicht mehr zentral zueinander und überschreitet deren Zahl etwa fünf, so kommt nur die Luftheizung vom Keller aus in Betracht.

Hierbei bedient man sich eines besonders ausgebildeten Ofens, der mit seiner Heizkammer im Keller Aufstellung findet. Die Luft wird in der Regel dem Freien entnommen, in der Heizkammer erwärmt und befeuchtet und dann den einzelnen Räumen durch besondere Kanäle zugeführt. Es findet also neben der Erwärmung der Räume gleichzeitig eine Ventilation statt, daher der Name „Frischluft-Ventilations-Heizung" (Abb. 48).

Das richtige Funktionieren dieser in gesundheitlicher Hinsicht wertvollen Heizungsart ist natürlich in hohem Maße von einer Anordnung abhängig, die dem Einfluß der wechselnden Winde Rechnung trägt. Da auch die Anlage des Gebäudes dabei wesentlich ins Gewicht fällt, so kann nur vom Fachmann entschieden werden, ob die Luftheizung in dem vorliegenden Falle alle ihre Vorzüge entwickeln kann. Denn gerade die Luftheizung erfordert mehr als jede andere Heizungsart bei ihrer Durchführung besondere Fachkenntnisse und Erfahrung und man darf sich durch die Vorzüge und scheinbare Einfachheit dieser Anlagen nicht verleiten lassen, sie unterschiedslos und insbesondere ohne Hinzuziehung besonderer Fachfirmen auszuführen.

IV. Ersatzteile.

Zur Bezeichnung der Ersatzteile der Öfen bediene man sich der in nachfolgenden Skizzen bezeichneten Ausdrücke.

Bei Ersatzteilbestellungen ist außer diesen Bezeichnungen möglichst noch die Firma, der Name und Nummer des Ofens anzugeben, damit die Teile den Ofengrößen entsprechend geliefert werden können.

Die angegebenen Bezeichnungen stellen die Benennungen für die Hauptteile aller Öfen dar. Besondere Teile bei Spezialöfen müssen nach den Benennungen der Herstellerfirmen bezeichnet werden.

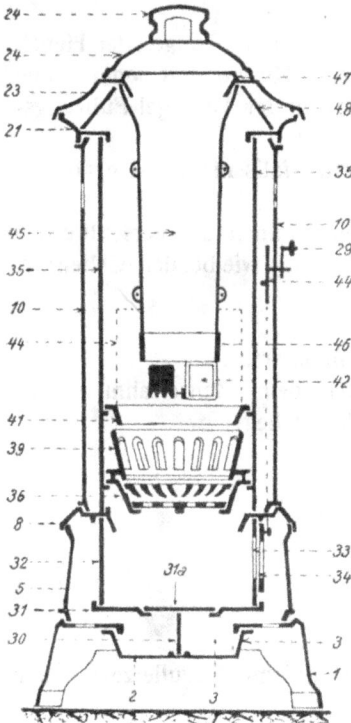

Abb. 49.

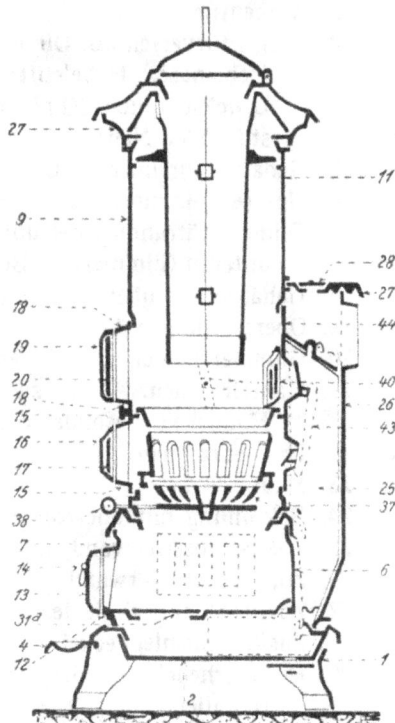

Abb. 50.

Amerikanischer Dauerbrandofen.

Normale Dauerbrandöfen nach amerikanischem System.
(Abb. 49 u. 50.)

1. Fuß (lose).
2. Boden oder Boden mit vier angegossenen Füßen.
3. Bodenzugkasten mit oder ohne Putztür, Putztürgriff.
4. Aschenschale.
5. Sockelseitenplatte, rechts und links.
6. Sockelhinterplatte.
7. Sockelvorderplatte.
8. Sockelrahmen.
9. Feuerraumvorderplatte.
10. Feuerraumseitenplatte, rechts und links.
11. Feuerraumhinterplatte.
12. Aschentürgehäuse (falls nicht fest gegossen).
13. Aschentür.
14. Aschentürverschluß; Olive mit oder ohne Zunge oder Hebel, Hebelnase, Hebelstift; oder Klinke mit oder ohne Druckschraube, Klinkhaken. In der Türangel Führungsstift oder Niete.
15. Gehäuse zur unteren Glimmertür, falls nicht fest gegossen.
16. Untere Glimmertür.
17. Glimmertürrahmen der unteren Glimmertür. Verschluß der unteren Glimmertür. Bezeichnung wie bei der Aschentür.
18. Gehäuse zur oberen Glimmertür.
19. Obere Glimmertür.
20. Glimmerrahmen der oberen Glimmertür.
21. Mantelrahmen. Falls zwischen dem Mantelrahmen und Haube ein besonderer Rahmen liegt:
22. Haubenrahmen.
23. Haube.
24. Bekrönung mit oder ohne Spitze.
25. Zugkastenseitenwand, links und rechts.
26. Zugkastenhinterwand.
27. Zugkastenabdeckplatte.
28. Zugkasteneinlegdeckel.
29. Regulierhebel mit oder ohne Knopf mit Regulierzeiger und Regulierskala.
30. Bodenkastenscheidewand.
31. Deckplatte unter dem Aschenkasten mit oder ohne Einlage.

31a. Einlage.
32. Innere Sockelscheidewand ohne Schiebereinrichtung.
33. Innere Sockelscheidewand mit Schiebereinrichtung.
34. Schieber zur Sockelscheidewand (Gegenzugklappe).
35. Luftheizungsscheidewand.
36. Rostlager.
37. Rundrost.
38. Gabelrost mit Rüttelstange und Rüttelöse.
39. Korbrost.
40. Schutzrost.
41. Korbrostaufsatzring.
42. Zugklappe.
43. Zugklappenwinkel.
44. Zugklappenplatte.
45. Füllschacht.
46. Füllschachtende.
47. Füllschachtdeckel.
48. Schutzhaube (Vorderschutzplatte, innen hinter der Feuer-
    raumvorderplatte. Seitenschutzplatte, rechts und links,
    bei Öfen, welche keine Luftheizungsscheidewand haben).

**Ersatzteile für irische Vierkantöfen und Regulieröfen mit Koch-
kachel** (Abb. 51, 52, 53, 54).

1. Fuß.
2. Boden oder Boden mit vier angegossenen Füßen (Unter-
    rahmen auf Unterofen).
3. Aschenschale, bei Öfen mit abgesetztem Sockel.
4a. Aschentürgehäuse.
4b. Mitteltürgehäuse (falls nicht festgegossen).
5. Aschentür (Bezeichnung „Aschentür" auch, wenn vor dem
    Rost und dem Aschenraum eine gemeinsame Tür an-
    gebracht ist).
6. Regulierung an der Aschentür; entweder Regulierscheibe
    mit oder ohne Schraube, oder Regulierschieber mit oder
    ohne Knopf).
7. Verschluß der Aschentür; entweder Olive mit oder ohne
    Zunge; oder Hebel mit Hebelnase oder Stift; oder
    Klinke mit oder ohne Druckschraube und Klinkhaken.
    Im Scharnier Führungsstift oder auf Nieten.

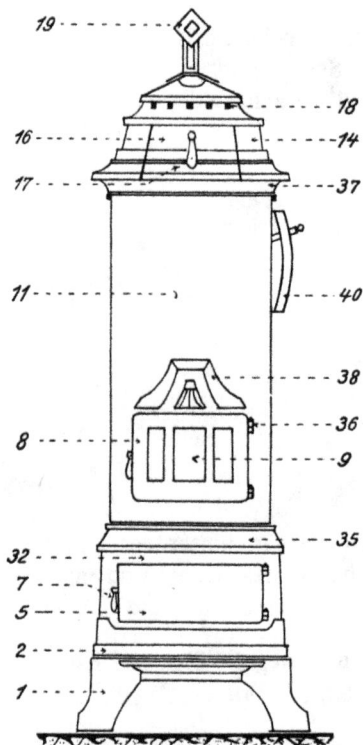
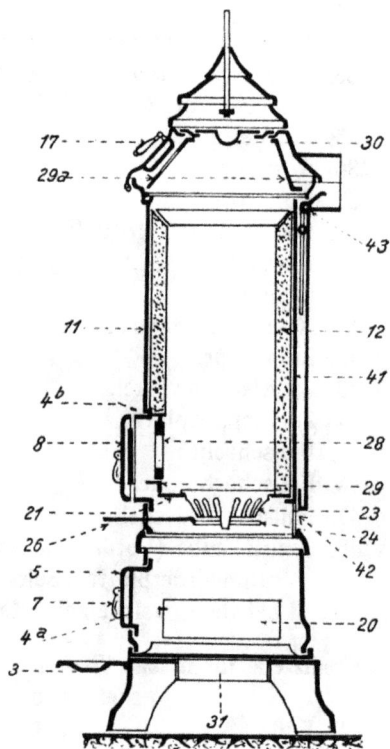

Abb. 51.   Abb. 52.

Irischer Dauerbrand-Vierkantofen.

8. Mitteltür. Bezeichnung der Teile für Regulierung und Verschluß wie bei der Aschentür.
9. Glimmerscheibe.
10. Glimmerrahmen.
11. Feuerraumvorderplatte.
12. Feuerraumhinterplatte.
13. Feuerraumseitenplatte, rechts und links.
14. Haube.
15. Haubendeckel.
16. Fülltür.
17. Fülltürgriff.
18. Bekrönung.
19. Bekrönungsspitze.

94

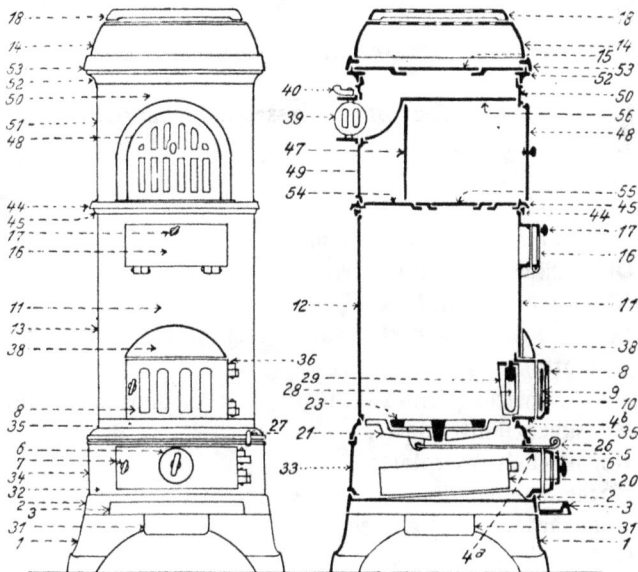

Abb. 53.   Abb. 54.
Regulierofen mit Kochkachel.

20. Aschenkasten.
21. Rostlager.
22. Rostlagerauflage (wo vorhanden).
23. Rundrost.
24. Gabelrost.
25. Gabelrostführungsplättchen (wo vorhanden).
26. Rüttelstange.
27. Rüttelstangenöse.
28. Stehrost.
29. Stehrostrahmen.
29a. Schutzhaube.
30. Schutzhaubendeckel.
31. Bodenfries.
32. Sockelvorderplatte.
33. Sockelhinterplatte.
34. Sockelseitenplatte, rechts und links.
35. Sockelrahmen.
36. Scharnierstift oder Niete.

37. Mantelrahmen.
38. Behang über der Mitteltür.
39. Drosselklappe.
40. Drosselklappenzeiger bzw. Drosselklappenausziehstange.
41. Zugklappenstange.
42. Zugklappe.
43. Gegenzugklappe.
44. Unterrahmen auf Unterofen.
45. Oberrahmen auf Unterofen.
46. Kochkachelunterrahmen.
47. Innere Kochkachelseitenplatte, rechts und links (Hinterplatte).
48. Kochkacheltür (wenn zweiflüglig, rechter und linker Flügel).
49. Kochkachelhinterplatte.
50. Kochkachelvorderplatte.
51. Kochkachelseitenplatte, rechts und links.
52. Kochkachelmantelrahmen.
53. Oberer Kochkachelrahmen.
54. Kochplatte.
55. Kochplattendeckel.
56. Innere Kochkachelabdeckplatte.

Irischer Rundofen (Blechmantelofen). (Abb. 55, 56, 57).

Außenteile.

1. Fuß.
2. Boden.
3. Aschenschale.
4. Türgehäuse.
5. Aschentür (Bezeichnung „Aschentür" auch, wenn vor dem Rost und dem Aschenraum eine gemeinsame Tür angebracht ist).
6. Regulierung an der Aschentür; entweder Regulierscheibe mit oder ohne Schraube, oder Regulierschieber mit oder ohne Knopf.
7. Verschluß der Aschentür; entweder Olive mit oder ohne Zunge; oder Hebel mit Hebelnase oder Stift, oder Klinke mit oder ohne Druckschraube und Klinkhaken. Im Scharnier: Führungsstift oder auf Nieten.

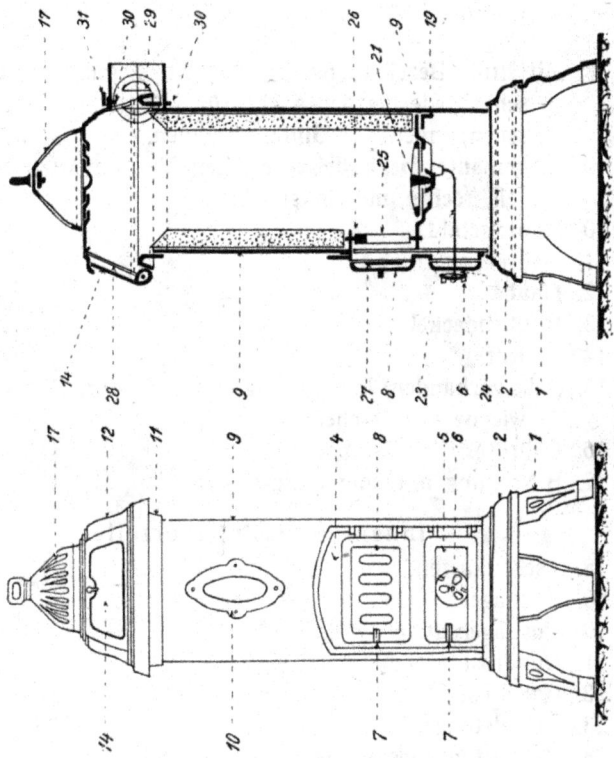

Abb. 55.

Abb. 56. Irischer Rundofen.

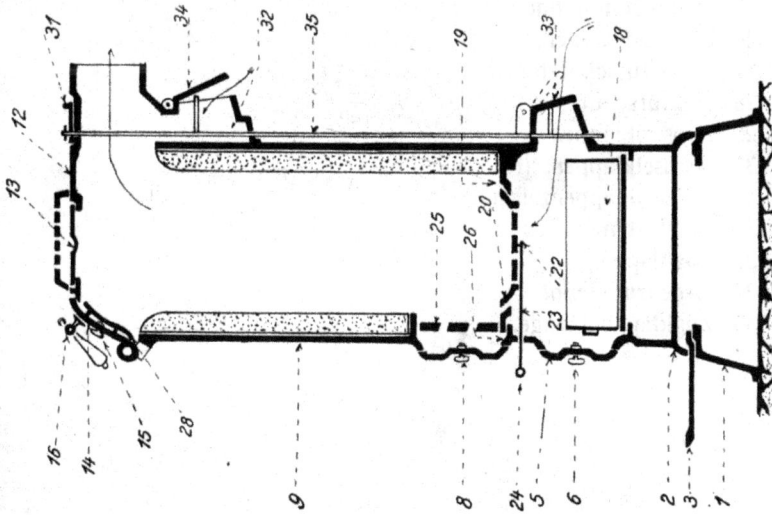

Abb. 57. Irischer Rundofen.

8. Mitteltür; Bezeichnung der Teile für Regulierung und Verschluß wie bei der Aschentür. Falls mit Glimmer versehen, innen der Glimmerrahmen.
9. Blechmantel (bei gußeisernen Öfen, Vorderplatte und Seitenteil, rechts und links).
10. Mantelschild.
11. Mantelring.
12. Haube.
13. Haubendeckel.
14. Fülltür.
15. (falls vorhanden) Regulierung an der Fülltür, Bezeichnungen wie bei der Aschentür.
16. Fülltürgriff.
17. Bekrönung mit oder ohne Spitze.

Innen- und Zubehörteile.

18. Aschenkasten.
19. Rostlager.
20. Rostlagerauflage.
21. Rundrost.
22. Gabelrost.
23. Rüttelstange.
24. Rüttelstangenöse.
25. Stehrost mit oder ohne Hebel.
26. Stehrostrahmen.
27. Mitteltürschutzplatte.
28. Fülltürschutzplatte.
29. Drosselklappe.
30. Drosselklappenstift.
31. Drosselklappenzeiger.
32. Zugkasten.
33. Zugklappe.
34. Gegenzugklappe.
35. Zugklappenstange.

V. Anhang.

Vereinigung Deutscher Eisenofenfabrikanten E. V.

Geschäftsstelle: CASSEL, Bremerstraße 2
Drahtanschrift: Gußöfen — Fernruf 1924

1. Mitglieder-Verzeichnis.

Firma und Sitz	Drahtanschrift und Fernruf
1. Aktien-Gesellschaft der Hollerschen Carlshütte, Rendsburg	Carlshütte Rendsburg, F. 16, 46, 651, 654.
2. L. Bernhard & Co., Berlin NW. 40, Döberitzer Str. 3—4	Wellblech Berlin, F. Moabit 1571.
3. Boekhoff & Co., Leer i. Hann.	Boekhoff Comp. Leerostfriesland, F. 37.
4. Burger Eisenwerke G. m. b. H., Burgerhütte, Burg (Dillkreis)	Burgerhütte Burgdillkreis, F. Herborn 5.
5. Eisenhüttenwerk Carlshütte, F. C. Klein G. m. b. H., Carlshütte, Kreis Biedenkopf (Hess.-Nass.)	Eisenwerk Carlshütte, F. Biedenkopf 16.
6. Hermanns- u. Friedrichshütte A.-G., J. G. Wiedermann, Gremsdorf (Bez. Liegnitz)	Friedrichshütte Gremsdorf, Bez. Liegnitz, F. Gremsdorf 2.

7*

99

Firma und Sitz	Drahtanschrift und Fernruf
7. Eisenwerk Lüdinghausen Köhne & Ricke, Lüdinghausen i. Westf.	Eisenwerk Lüdinghausen, F. 28.
8. Eisenwerke Hirzenhain Hugo Buderus, G. m. b. H., Hirzenhain (Hess.)	Buderus Hirzenhain (Hess.), F. Gedern 7, 59.
9. Esch & Co., Mannheim	Esch Comp. Mannheim, F. 1219
10. Franksche Eisenwerke G. m. b. H., Adolfshütte, Adolfshütte, Niederscheid (Dillkreis)	Frankwerke Dillenburg, F. Dillenburg 7, 8, 9.
11. Friedrich-Wilhelms-Eisenhütte Primavesi & Co., Gravenhorst b. Hörstel i. Westf.	Eisenhütte Hörstel, F. Hörstel 4.
12. Gebrüder Gienanth-Eisenberg G. m. b. H., Eisenberg (Rheinpfalz)	Gienanth-Eisenbergpfalz, F. Göllheim 22, 30.
13. Gebrüder Gienanth-Hochstein, Hochstein, Post Winnweiler (Rheinpfalz)	Gienanth-Winnweiler, F. Winnweiler 1.
14. Carl Gottbill sel. Erben G. m. b. H., Mariahütte, Mariahütte, Bez. Trier	Gottbill-Mariahütte, F. Hermeskeil 8.
15. W. Ernst Haas & Sohn, Neuhoffnungshütte, Post Sinn (Hess.-Nass.)	Haas Sinn, F. Herborn 9, 17.
16. Handelsbureau der Bayrischen Bergwerksverwaltung, München, Ludwigstraße 16, II (Anschrift: München 34, Schalterfach)	Berghandel München, F. 21001.
17. Hessen-Nassauischer Hüttenverein G. m. b. H., Eibelshäuserhütte, Eibelshäuserhütte, Post Eibelshausen	Hüttenverein Eibelshausen, F. Straßebersbach 4.
18. Hessen-Nassauischer Hüttenverein G. m. b. H., Verkaufsstelle B, Ludwigshütte, Ludwigshütte (Lahn)	Hüttenverein Ludwigshütte, F. Biedenkopf 1, 13, 26, 36, 178, 179.
19. Junker & Ruh-Werke A.-G., Karlsruhe i. Bad.	Junkerruh Karlsruhe, F. 66.
20. Nestler & Breitfeld, G. m. b. H., Eisenwerk Wittigsthal, Johanngeorgenstadt i. Sachs.	Eisenwerk Wittigsthal, Johanngeorgenstadt, F. Johanngeorgenstadt 6.
21. Norder Eisenhütte Julius Meyer & Co., Norden	Eisenhütte Norden, F. 5.
22. Olsberger Hütte G. m. b. H., Olsberg i. Westf.	Olsbergerhütte, F. 7.
23. Louis Paul & Co., Radebeul-Dresden	Radebeul-Oberlößnitz, F. 902, Dresden 17165.
24. Paulinenhütte, Kommandit-Gesellschaft, Eisenhütten- und Emaillier-Werk Edmund Glaeser, Neusalz a. O.	Paulinenhütte Neusalz, F. 8.

100

25. Potthoff & Flume, Luisenhütte, Lünen a. d. Lippe — Luisenhütte Lünen, F. 43, 57.

26. Gebrüder Puricelli Rheinböllerhütte, Rheinböllerhütte — Puricelli, Rheinböllerhütte, F. Stromberg (Hunsr.) 8.

27. Rhein.-Westf. Gußwerk Alfred Eberhard & Cie., Eisenwerk Barbarossa, Sangerhausen — Eberhard Gußwerk Sangerhausen, ·F. 2534, 6731, 8505.

28. C. Rießner & Co., Nürnberg, Glaishammer — Rießner-Compagnie Nürnberg, F. 107.

29. Rombacher Hüttenwerke, Abt. Concordiahütte, Bendorf a. Rh. (Anschr.: Engers a. Rhein) — Concordiahütte Bendorfrhein F. Bendorf-Rhein 33, 44, 55; Coblenz 3600.

30. A. Schreiber, Leer (Ostfriesland) — Schreiber Leerostfriesland, F. 6.

31. Schulz & Wehrenbold, Justushütte, Justushütte, Post Weidenhausen (Kr. Biedenkopf) — Justushütte Weidenhausen (Kr. Biedenkopf), F. Gladenbach 11.

32. Staatliches Hüttenwerk Wasseralfingen, Wasseralfingen (Württemberg) — Hüttenwerk, F. Amt Aalen 19, Amt Wasseralfingen 1.

33. Voßwerke Aktiengesellschaft, Hannover, Arndtstr. 21 — Voßwerke Hannover, F. Hann. Nord 2380, 2381.

34. Warsteiner Gruben- u. Hüttenwerke, Akt.-Ges., Abt. Sankt Wilhelmshütte, Warstein (Bez. Dortmund) — Hüttenwerke Warstein, F. 3, 46.

35. Warsteiner Gruben- u. Hüttenwerke, Akt.-Ges., Abt. Eisenhütte Augustfehn, Augustfehn i. Oldenburg — Eisenhütte Augustfehn, F. 2.

36. Warsteiner Gruben- u. Hüttenwerke, Akt.-Ges., Abt. Eisenwerk Holzhausen, Holzhausen b. Homberg (Bez. Cassel) — Eisenwerk Holzhausen Hombergcassel, F. Homberg 2.

37. J. D. Wehrenbold & Sohn, Aurorahütte, Aurorahütte b. Gladenbach — Aurorahütte Gladenbach, F. Gladenbach 8.

38. Carl von Wittgenstein, Eisenwerk Friedrichshütte, Friedrichshütte-Laasphe (Westfalen) — Eisenwerk Friedrichshütte-Laasphe, F. Laasphe 7.

2. Liste der Hersteller eiserner Öfen.

Es werden angefertigt:

I. Irische Vierkant- und Rundöfen:

Von den Firmen	Anschrift
1. Aktien-Gesellschaft der Hollerschen Carlshütte	Rendsburg.
2. Boekhoff & Co.	Leer i. Hann.
3. Burger Eisenwerke G. m. b. H., Burgerhütte	Burg (Dillkreis).
4. Eisenhüttenwerk Carlshütte F. C. Klein, G. m. b. H.	Carlshütte, Kreis Biedenkopf (Hess.-Nass.).
5. Hermanns- u. Friedrichshütte A.-G. J. G. Wiedermann	Gremsdorf, Bez. Liegnitz.
6. Eisen- u. Stahlwerk Lüdinghausen, Akt.-Ges.	Lüdinghausen i. W.
7. Eisenwerke Hirzenhain Hugo Buderus, G. m. b. H.	Hirzenhain (Hess.).
8. Esch & Co.	Mannheim.
9. Franksche Eisenwerke G. m. b. H., Adolfshütte	Adolfshütte, Niederscheld (Dillkreis).
10. Friedrich-Wilhelms-Eisenhütte Primavesi & Co.	Gravenhorst bei Hörstel in Westfalen.
11. Gebrüder Gienanth-Eisenberg G. m. b. H.	Eisenberg (Rheinpfalz).
12. Gebrüder Gienanth-Hochstein	Hochstein, Post Winnweiler (Rheinpfalz).
13. Carl Gottbill sel. Erben, G. m. b. H., Mariahütte	Mariahütte, Bez. Trier.
14. W. Ernst Haas & Sohn	Neuhoffnungshütte, Post Sinn (Hess.-Nass.).
15. Handelsbureau der Bayrischen Bergwerksverwaltung	München, Ludwigstr. 16, II. (Anschr.: München 34, Schalterfach).
16. Hessen-Nassauischer Hüttenverein G. m. b. H., Eibelshäuserhütte	Eibelshäuserhütte, Post Eibelshausen.
17. Hessen-Nassauischer Hüttenverein G. m. b. H., Verkaufsstelle B, Ludwigshütte	Ludwigshütte (Lahn).
18. Junker & Ruh-Werke A.-G.	Karlsruhe i. Baden.
19. Nestler & Breitfeld, G. m. b. H., Eisenwerk Wittigsthal	Johanngeorgenstadt i. Sachs.

102

Von den Firmen	Anschrift
20. Norder Eisenhütte Julius Meyer & Co.	Norden.
21. Olsberger Hütte G. m. b. H.	Olsberg i. Westf.
22. Louis Paul & Co.	Radebeul-Dresden.
23. Paulinenhütte, Kommanditgesellsch., Eisenhütten- u. Emaillierwerk Edmund Glaeser	Neusalz a. O.
24. Potthoff & Flume, Luisenhütte	Lünen a. d. Lippe.
25. Gebrüder Puricelli, Rheinböllerhütte	Rheinböllerhütte.
26. Rhein.-Westf. Gußwerk Alfred Eberhard & Cie., Eisenwerk Barbarossa	Sangerhausen.
27. C. Rießner & Co.	Nürnberg, Glaishammer.
28. Rombacher Hüttenwerke, Abt. Concordiahütte	Bendorf a. Rh. (Anschrift: Engers a. Rh.).
29. A. Schreiber	Leer (Ostfriesland).
30. Schulz & Wehrenbold, Justushütte	Justushütte, Post Weidenhausen (Kr. Biedenkopf).
31. Staatliches Hüttenwerk Wasseralfingen	Wasseralfingen (Württemb.).
32. Voßwerke Aktiengesellschaft	Hannover, Arndtstr. 21.
33. Warsteiner Gruben- u. Hüttenwerke, Akt.-Ges., Abt. Sankt Wilhelmshütte	Warstein (Bez. Dortmund).
34. Warsteiner Gruben- u. Hüttenwerke, Akt.-Ges., Abt. Eisenhütte Augustfehn	Augustfehn i. Oldenburg.
35. Warsteiner Gruben- u. Hüttenwerke, Akt.-Ges., Abt. Eisenwerk Holzhausen	Holzhausen b. Homberg (Bez. Cassel).
36. J. D. Wehrenbold & Sohn, Aurorahütte	Aurorahütte b. Gladenbach.
37. Carl v. Wittgenstein, Eisenwerk Friedrichshütte	Friedrichshütte-Laasphe (Westfalen).

II. Irische Öfen mit Sturzzug:

1. Aktiengesellschaft der Hollerschen Carlshütte	Rendsburg.
2. Boekhoff & Co.	Leer i. Hann.
3. Burger Eisenwerke G. m. b. H., Burgerhütte	Burg (Dillkreis).
4. Eisenhüttenwerk Carlshütte F. C. Klein, G. m. b. H.	Carlshütte, Kr. Biedenkopf (Hess.-Nass.).
5. Eisenwerke Hirzenhain Hugo Buderus, G. m. b. H.	Hirzenhain (Hess.).

Von den Firmen	Anschrift
6. Esch & Co.	Mannheim.
7. Franksche Eisenwerke G. m. b. H., Adolfshütte	Adolfshütte, Niederscheid (Dillkreis).
8. Handelsbureau der Bayrischen Bergwerksverwaltung	München, Ludwigstr. 16, II. (Anschrift: München 34, Schalterfach).
9. Hessen-Nassauischer Hüttenverein G. m. b. H., Eibelshäuserhütte	Eibelshäuserhütte, Post Eibelshausen.
10. Potthoff & Flume, Luisenhütte	Lünen a. d. Lippe.
11. Gebrüder Puricelli, Rheinböllerhütte	Rheinböllerhütte.
12. C. Rießner & Co.	Nürnberg, Glaishammer.
13. A. Schreiber	Leer (Ostfriesland).
14. Schulz & Wehrenbold, Justushütte	Justushütte, Post Weidenhausen (Kr. Biedenkopf).
15. Voßwerke Aktiengesellschaft	Hannover, Arndtstr. 21.
16. J. D. Wehrenbold & Sohn, Aurorahütte	Aurorahütte b. Gladenbach.

III. Irische Öfen mit Aufsatz:

1. Boekhoff & Co.	Leer i. Hann.
2. Eisenhüttenwerk Carlshütte F. C. Klein, G. m. b. H.	Carlshütte, Kr. Biedenkopf.
3. Hermanns- u. Friedrichshütte A.-G., J. G. Wiedermann	Gremsdorf (Bez. Liegnitz).
4. Handelsbureau der Bayrischen Bergwerksverwaltung	München, Ludwigstr. 16, II. (Anschrift: München 34, Schalterfach).
5. Hessen-Nassauischer Hüttenverein G. m. b. H., Eibelshäuserhütte	Eibelshäuserhütte, Post Eibelshausen.
6. Louis Paul & Co., Eisenwerk	Radebeul-Dresden.
7. Paulinenhütte, Kommanditgesellsch., Eisenhütten- und Emaillierwerk Edmund Glaeser	Neusalz a. O.
8. Potthoff & Flume, Luisenhütte	Lünen a. d. Lippe.
9. A. Schreiber	Leer (Ostfriesland).
10. Schulz & Wehrenbold, Justushütte	Justushütte, Post Weidenhausen (Kr. Biedenkopf).
11. Voßwerke, Aktiengesellschaft	Hannover, Arndtstr. 21.
12. J. D. Wehrenbold & Sohn, Aurorahütte	Aurorahütte b. Gladenbach.
13. Carl v. Wittgenstein, Eisenwerk Friedrichshütte	Friedrichshütte-Laasphe (Westfalen).

IV. Irische Öfen mit Kocheinrichtung:

Von den Firmen	Anschrift
1. Boekhoff & Co.	Leer i. Hann.
2. Burger Eisenwerke G. m. b. H., Burgerhütte	Burg (Dillkreis).
3. Hermanns- u. Friedrichshütte A.-G., J. G. Wiedermann	Gremsdorf, Bez. Liegnitz.
4. Eisenwerke Hirzenhain Hugo Buderus, G. m. b. H.	Hirzenhain (Hessen).
5. Esch & Co.	Mannheim.
6. Franksche Eisenwerke G. m. b. H., Adolfshütte	Adolfshütte, Niederscheld (Dillkreis).
7. Gebrüder Gienanth Eisenberg, G. m. b. H.	Eisenberg (Rheinpfalz).
8. W. Ernst Haas & Sohn	Neuhoffnungshütte, Post Sinn (Hess.-Nass.).
9. Handelsbureau der Bayrischen Bergwerksverwaltung	München, Ludwigstr. 16, II. (Anschrift: München 34. Schalterfach).
10. Hessen-Nassauischer Hüttenverein, G. m. b. H., Eibelshäuserhütte	Eibelshäuserhütte, Post Eibelshausen.
11. Hessen-Nassauischer Hüttenverein, G. m. b. H., Verkaufsstelle B, Ludwigshütte	Ludwigshütte (Lahn).
12. Nestler & Breitfeld, G. m. b. H., Eisenwerk Wittigsthal	Johanngeorgenstadt i. Sa.
13. Paulinenhütte, Kommanditgesellsch., Eisenhütten- u. Emaillierwerk Edm. Glaeser	Neusalz a. O.
14. Potthoff & Flume, Luisenhütte	Lünen a. d. Lippe.
15. Gebrüder Puricelli, Rheinböllerhütte	Rheinböllerhütte.
16. Rombacher Hüttenwerke, Abt. Concordiahütte	Bendorf a. Rh. (Anschrift: Engers a. Rh.).
17. A. Schreiber	Leer (Ostfriesland).
18. Schulz & Wehrenbold, Justushütte	Justushütte, Post Weidenhausen (Kr. Biedenkopf).
19. Voßwerke Aktiengesellschaft	Hannover, Arndtstr. 21.
20. J. D. Wehrenbold & Sohn, Aurorahütte	Aurorahütte b. Gladenbach.

V. Regulieröfen mit Aufsatz:

Von den Firmen	Anschrift
1. Aktien-Gesellschaft der Hollerschen Carlshütte	Rendsburg.
2. Boekhoff & Co.	Leer i. Hann.

105

Von den Firmen	Anschrift
3. Eisenhüttenwerk Carlshütte F. C. Klein, G. m. b. H.	Carlshütte, Kr. Biedenkopf (Hess.-Nass.).
4. Hermanns- u. Friedrichshütte A.-G., J. G. Wiedermann	Gremsdorf, Bez. Liegnitz.
5. Franksche Eisenwerke G. m. b. H., Adolfshütte	Adolfshütte, Niederscheld (Dillkreis).
6. W. Ernst Haas & Sohn	Neuhoffnungshütte, Post Sinn (Hess.-Nass.).
7. Hessen-Nassauischer Hüttenverein, G. m. b. H., Eibelshäuserhütte	Eibelshäuserhütte, Post Eibelshausen.
8. Hessen-Nassauischer Hüttenverein, G. m. b. H., Verkaufsstelle B, Ludwigshütte	Ludwigshütte (Lahn).
9. Gebrüder Puricelli, Rheinböllerhütte	Rheinböllerhütte.
10. Rombacher Hüttenwerke, Abt. Concordiahütte	Bendorf a. Rh. (Anschrift Engers a. Rh.).
11. A. Schreiber	Leer (Ostfriesland).
12. Schulz & Wehrenbold, Justushütte	Justushütte, Post Weidenhausen (Kr. Biedenkopf).
13. J. D. Wehrenbold & Sohn, Aurorahütte	Aurorahütte b. Gladenbach.
14. Carl v. Wittgenstein, Eisenwerk Friedrichshütte	Friedrichshütte-Laasphe (Westfalen).

VI. Amerikanische Öfen:

1. Aktien-Gesellschaft der Hollerschen Carlshütte	Rendsburg.
2. Boekhoff & Co.	Leer i. Hann.
3. Burger Eisenwerke G. m. b. H., Burgerhütte	Burg (Dillkreis).
4. Eisenhüttenwerk Carlshütte F. C. Klein, G. m. b. H.	Carlshütte, Kr. Biedenkopf (Hess.-Nass.).
5. Hermanns- u. Friedrichshütte, A.-G., J. G. Wiedermann	Gremsdorf (Bez. Liegnitz).
6. Eisen- u. Stahlwerk Lüdinghausen, Akt.-Ges.	Lüdinghausen i. Westf.
7. Eisenwerke Hirzenhain Hugo Buderus, G. m. b. H.	Hirzenhain (Hessen).
8. Esch & Co.	Mannheim.
9. Franksche Eisenwerke, G. m. b. H., Adolfshütte	Adolfshütte, Niederscheld (Dillkreis).
10. Friedrichs-Wilhelms-Eisenhütte Primavesi & Co.	Gravenhorst b. Hörstel in Westfalen.

106

Von den Firmen	Anschrift
11. Gebrüder Gienanth-Eisenberg, G. m. b. H.	Eisenberg (Rheinpfalz).
12. Gebrüder Gienanth-Hochstein	Hochstein, Post Winnweiler (Rheinpfalz).
13. Carl Gottbill sel. Erben, G. m. b. H., Mariahütte	Mariahütte, Bez. Trier.
14. W. Ernst Haas & Sohn	Neuhoffnungshütte, Post Sinn (Hess.-Nass.).
15. Handelsbureau der Bayrischen Bergwerksverwaltung	München, Ludwigstr. 16, II. (Anschrift: München 34, Schalterfach).
16. Hessen-Nassauischer Hüttenverein, G. m. b. H., Eibelshäuserhütte	Eibelshäuserhütte, Post Eibelshausen.
17. Hessen-Nassauischer Hüttenverein, G. m. b. H., Verkaufsstelle B, Ludwigshütte	Ludwigshütte (Lahn).
18. Junker & Ruh-Werke, A.-G.	Karlsruhe i. Baden.
19. Nestler & Breitfeld, G. m. b. H., Eisenwerk Wittigsthal	Johanngeorgenstadt i. Sa.
20. Norder Eisenhütte Julius Meyer & Co.	Norden.
21. Olsberger Hütte, G. m. b. H.	Olsberg i. Westf.
22. Louis Paul & Co., Eisenwerk	Radebeul-Dresden.
23. Paulinenhütte, Kommanditgesellsch., Eisenhütten- u. Emaillierwerk Edm. Glaeser	Neusalz a. O.
24. Potthoff & Flume, Luisenhütte	Lünen a. d. Lippe.
25. Gebrüder Puricelli, Rheinböllerhütte	Rheinböllerhütte.
26. Rhein.-Westf. Gußwerk Alfred Eberhard & Cie., Eisenwerk Barbarossa	Sangerhausen.
27. C. Rießner & Co.	Nürnberg, Glaishammer.
28. Rombacher Hüttenwerke, Abt. Concordiahütte	Bendorf a. Rh. (Anschrift. Engers a. Rh.).
29. A. Schreiber	Leer (Ostfriesland).
30. Schulz & Wehrenbold, Justushütte	Justushütte, Post Weiden·hausen (Kr. Biedenkopf).
31. Staatliches Hüttenwerk Wasseralfingen	Wasseralfingen (Württemb.)
32. Voßwerke, Aktiengesellschaft	Hannover, Arndtstr. 21.
33. Warsteiner Gruben- u. Hüttenwerke, Akt.-Ges., Abt. Sankt Wilhelmshütte	Warstein (Bez. Dortmund).
34. Warsteiner Gruben- u. Hüttenwerke, Akt.-Ges., Abt. Eisenhütte Augustfehn	Augustfehn i. Oldenburg.

Von den Firmen	Anschrift
35. Warsteiner Gruben- u. Hüttenwerke, Akt.-Ges., Abt. Eisenwerk Holzhausen	Holzhausen b. Homberg (Bez. Cassel).
36. J. D. Wehrenbold & Sohn, Aurorahütte	Aurorahütte b. Gladenbach.
37. Carl v. Wittgenstein, Eisenwerk Friedrichshütte	Friedrichshütte-Laasphe (Westfalen).

VII. Landöfen:

A) Sayner- und Hopewellöfen:

1. Aktien-Gesellschaft der Hollerschen Carlshütte	Rendsburg.
2. Eisenhüttenwerk Carlshütte, F. C. Klein, G. m. b. H.	Carlshütte, Kr. Biedenkopf (Hess.-Nass.).
3. Carl Gottbill sel. Erben, G. m. b. H., Mariahütte	Mariahütte, Bez. Trier.
4. W. Ernst Haas & Sohn	Neuhoffnungshütte, Post Sinn (Hess.-Nass.).
5. Hessen-Nassauischer Hüttenverein, G. m. b. H., Eibelshäuserhütte	Eibelshäuserhütte, Post Eibelshausen.
6. Hessen-Nassauischer Hüttenverein, G. m. b. H., Verkaufsstelle B, Ludwigshütte	Ludwigshütte (Lahn).
7. Olsberger Hütte, G. m. b. H.	Olsberg i. Westf.
8. Gebrüder Puricelli, Rheinböllerhütte	Rheinböllerhütte.
9. Rombacher Hüttenwerke, Abt. Concordiahütte	Bendorf a. Rh. (Anschrift: Engers a. Rh.).
10. A. Schreiber	Leer (Ostfriesland).
11. Schulz & Wehrenbold, Justushütte	Justushütte, Post Weidenhausen (Kr. Biedenkopf).
12. J. D. Wehrenbold & Sohn, Aurorahütte	Aurorahütte b. Gladenbach.
13. Carl v. Wittgenstein, Eisenwerk Friedrichshütte	Friedrichshütte-Laasphe (Westfalen).

B) Öfen für Koch- und Heizzwecke, von außen heizbar:

1. Boekhoff & Co.	Leer i. Hann.
2. Eisenhüttenwerk Carlshütte, F. C. Klein, G. m. b. H.	Carlshütte, Kr. Biedenkopf (Hess.-Nass.).
3. W. Ernst Haas & Sohn	Neuhoffnungshütte, Post Sinn (Hess.-Nass.).

Von den Firmen	Anschrift
4. Hessen-Nassauischer Hüttenverein, G. m. b. H., Eibelshäuserhütte	Eibelshäuserhütte, Post Eibelshausen.
5. Hessen-Nassauischer Hüttenverein, G. m. b. H., Verkaufsstelle B, Ludwigshütte	Ludwigshütte (Lahn).
6. Rombacher Hüttenwerke, Abt. Concordiahütte	Bendorf a. Rh. (Anschrift: Engers a. Rh.).
7. A. Schreiber	Leer (Ostfriesland).
8. Schulz & Wehrenbold, Justushütte	Justushütte, Post Weidenhausen (Kr. Biedenkopf).
9. Voßwerke, Aktiengesellschaft	Hannover, Arndtstr. 21.
10. J. D. Wehrenbold & Sohn, Aurorahütte	Aurorahütte b. Gladenbach.
11. Carl v. Wittgenstein, Eisenwerk Friedrichshütte	Friedrichshütte-Laasphe (Westfalen).

C) Regulierkochöfen:

1. Aktien-Gesellschaft der Hollerschen Carlshütte	Rendsburg.
2. Eisenhüttenwerk Carlshütte, F. C. Klein, G. m. b. H.	Carlshütte, Kr. Biedenkopf (Hess.-Nass.).
3. Hermanns- u. Friedrichshütte, A.-G., J. G. Wiedermann	Gremsdorf (Bez. Liegnitz).
4. Franksche Eisenwerke, G. m. b. H., Adolfshütte	Adolfshütte, Niederscheld (Dillkreis).
5. Gebr. Gienanth, Eisenberg, G. m. b. H.	Eisenberg (Rheinpfalz).
6. W. Ernst Haas & Sohn	Neuhoffnungshütte, Post Sinn (Hess.-Nass.).
7. Hessen-Nassauischer Hüttenverein, G. m. b. H., Eibelshäuserhütte	Eibelshäuserhütte, Post Eibelshausen.
8. Hessen-Nassauischer Hüttenverein, G. m. b. H., Verkaufsstelle B, Ludwigshütte	Ludwigshütte (Lahn).
9. Olsberger Hütte, G. m. b. H.	Olsberg i. Westf.
10. Gebrüder Puricelli, Rheinböllerhütte	Rheinböllerhütte.
11. Rombacher Hüttenwerke, Abt. Concordiahütte	Bendorf a. Rh. (Anschrift: Engers a. Rh.).
12. A. Schreiber	Leer (Ostfriesland).
13. Schulz & Wehrenbold, Justushütte	Justushütte, Post Weidenhausen (Kr. Biedenkopf).
14. J. D. Wehrenbold & Sohn, Aurorahütte	Aurorahütte b. Gladenbach.
15. Carl v. Wittgenstein, Eisenwerk Friedrichshütte	Friedrichshütte-Laasphe (Westfalen).

VIII. Großraumöfen:

A) Irische Öfen mit Doppelsturz und Mantelöfen mit Luftzirkulation:

Von den Firmen	Anschrift
1. Aktien-Gesellschaft der Hollerschen Carlshütte	Rendsburg.
2. Burger Eisenwerke, G. m. b. H., Burgerhütte	Burg (Dillkreis).
3. Hermanns- u. Friedrichshütte, A.-G., J. G. Wiedermann	Gremsdorf (Bez. Liegnitz).
4. Eisenwerke Hirzenhain, Hugo Buderus, G. m. b. H.	Hirzenhain (Hessen).
5. Gebrüder Gienanth, Eisenberg, G. m. b. H.	Eisenberg (Rheinpfalz).
6. W. Ernst Haas & Sohn	Neuhoffnungshütte, Post Sinn (Hess.-Nass.).
7. Handelsbureau der Bayrischen Bergwerksverwaltung	München, Ludwigstr. 16, II (Anschrift: München 34, Schalterfach).
8. Paulinenhütte, Kommanditgesellsch., Eisenhütten- u. Emaillierwerk Edm. Glaeser	Neusalz a. O.
9. A. Schreiber	Leer (Ostfriesland).
10. Schulz & Wehrenbold, Justushütte	Justushütte, Post Weidenhausen (Kr. Biedenkopf).
11. Voßwerke, Aktiengesellschaft	Hannover, Arndtstr. 21.
12. J. D. Wehrenbold & Sohn, Aurorahütte	Aurorahütte b. Gladenbach.
13. Carl v. Wittgenstein, Eisenwerk Friedrichshütte	Friedrichshütte-Laasphe (Westfalen).

B) Rundöfen mit Zirkulationsaufsatz:

Von den Firmen	Anschrift
1. Aktien-Gesellschaft der Hollerschen Carlshütte	Rendsburg.
2. Burger Eisenwerke, G. m. b. H., Burgerhütte	Burg (Dillkreis).
3. Eisenwerke Hirzenhain, Hugo Buderus, G. m. b. H.	Hirzenhain (Hessen).
4. Franksche Eisenwerke, G. m. b. H., Adolfshütte	Adolfshütte, Niederscheld (Dillkreis).
5. W. Ernst Haas & Sohn	Neuhoffnungshütte, Post Sinn (Hess.-Nass.).

110

Von den Firmen	Anschrift
6. Handelsbureau der Bayrischen Berg-werksverwaltung	München, Ludwigstr. 16, II (Anschrift: München 34, Schalterfach).
7. Hessen-Nassauischer Hüttenverein, G. m. b. H., Eibelshäuserhütte	Eibelshäuserhütte, Post Eibelshausen.
8. A. Schreiber	Leer (Ostfriesland).
9. Voßwerke, Aktiengesellschaft	Hannover, Arndtstr. 21.

C) Rippenöfen:

1. Eisenwerke Hirzenhain, Hugo Bude-rus, G. m. b. H.	Hirzenhain (Hessen).
2. Esch & Co.	Mannheim.
3. Gebrüder Gienanth, Eisenberg, G. m. b. H.	Eisenberg (Rheinpfalz).
4. W. Ernst Haas & Sohn	Neuhoffnungshütte, Post Sinn (Hess.-Nass.).
5. Handelsbureau der Bayrischen Berg-werksverwaltung	München, Ludwigstr. 16, II (Anschrift: München 34, Schalterfach).
6. Hessen-Nassauischer Hüttenverein, G. m. b. H., Eibelshäuserhütte	Eibelshäuserhütte, Post Eibelshausen.
7. Gebrüder Puricelli, Rheinböllerhütte	Rheinböllerhütte.
8. C. Rießner & Co.	Nürnberg, Glaishammer.
9. Schulz & Wehrenbold, Justushütte	Justushütte, Post Weiden-hausen (Kr. Biedenkopf).
10. Voßwerke, Aktiengesellschaft	Hannover, Arndtstr. 21.
11. J. D. Wehrenbold & Sohn, Aurora-hütte	Aurorahütte b. Gladenbach.
12. Carl v. Wittgenstein, Eisenwerk Friedrichshütte	Friedrichshütte-Laasphe (Westfalen).

IX. Spezialöfen:

A) Für Holz und Torf:

1. Aktien-Gesellschaft der Hollerschen Carlshütte	Rendsburg.
2. Bernhard & Co.	Berlin NW. 40, Döberitzer-straße 3—4.
3. Eisenwerke Hirzenhain, Hugo Bude-rus, G. m. b. H.	Hirzenhain (Hessen).
4. Esch & Co.	Mannheim.

111

Von den Firmen	Anschrift
5. Gebrüder Gienanth, Eisenberg, G. m. b. H.	Eisenberg (Rheinpfalz).
6. Carl Gottbill sel. Erben, G. m. b. H., Mariahütte	Mariahütte, Bez. Trier.
7. W. Ernst Haas & Sohn	Neuhoffnungshütte, Post Sinn (Hess.-Nass.).
8. Handelsbureau der Bayrischen Bergwerksverwaltung	München, Ludwigstr. 16, II (Anschrift: München 34, Schalterfach).
9. Hessen-Nassauischer Hüttenverein, G. m. b. H., Verkaufsstelle B, Ludwigshütte	Ludwigshütte (Lahn).
10. A. Schreiber	Leer (Ostfriesland).
11. Voßwerke, Aktiengesellschaft	Hannover, Arndtstr. 21.
12. Carl v. Wittgenstein, Eisenwerk Friedrichshütte	Friedrichshütte-Laasphe (Westfalen).

B) Für Rohbraunkohle:

1. L. Bernhard & Co.	Berlin NW. 40, Döberitzerstraße 3—4.
2. Eisenwerke Hirzenhain, Hugo Buderus, G. m. b. H.	Hirzenhain (Hessen).
3. Esch & Co.	Mannheim.
4. Franksche Eisenwerke, G. m. b. H., Adolfshütte	Adolfshütte, Niederscheld (Dillkreis).
5. W. Ernst Haas & Sohn	Neuhoffnungshütte, Post Sinn (Hessen-Nassau).
6. Hessen-Nassauischer Hüttenverein, G. m. b. H., Verkaufsstelle B, Ludwigshütte	Ludwigshütte (Lahn).
7. Gebrüder Puricelli, Rheinböllerhütte	Rheinböllerhütte.
8. C. Rießner & Co.	Nürnberg, Glaishammer.
9. Schulz & Wehrenbold, Justushütte	Justushütte, Post Weidenhausen (Kr. Biedenkopf).
10. Carl v. Wittgenstein, Eisenwerk Friedrichshütte	Friedrichshütte-Laasphe (Westfalen).

C) Für Braunkohlenbriketts:

1. L. Bernhard & Co.	Berlin NW. 40, Döberitzerstraße 3—4.
2. Eisenhüttenwerk Carlshütte, F. C. Klein, G. m. b. H.	Carlshütte, Kr. Biedenkopf (Hess.-Nass.).

3. Eisenwerke Hirzenhain, Hugo Buderus, G. m. b. H. — Hirzenhain (Hessen).
4. Esch & Co. — Mannheim.
5. Franksche Eisenwerke, G. m. b. H., Adolfshütte — Adolfshütte, Niederscheld (Dillkreis).
6. Carl Gottbill sel. Erben, G. m. b. H., Mariahütte — Mariahütte, Bez. Trier.
7. W. Ernst Haas & Sohn — Neuhoffnungshütte, Post Sinn (Hess.-Nass.).
8. Handelsbureau der Bayrischen Bergwerksverwaltung — München, Ludwigstr. 16, II (Anschrift: München 34, Schalterfach).
9. C. Rießner & Co. — Nürnberg, Glaishammer.
10. A. Schreiber — Leer (Ostfriesland).
11. Schulz & Wehrenbold, Justushütte — Justushütte, Post Weidenhausen (Kr. Biedenkopf).
12. Voßwerke, Aktiengesellschaft — Hannover, Arndtstr. 21.
13. Carl v. Wittgenstein, Eisenwerk Friedrichshütte — Friedrichshütte-Laasphe (Westfalen).

D) Für Koks:

1. Aktien-Gesellschaft der Hollerschen Carlshütte — Rendsburg.
2. Boekhoff & Co. — Leer i. Hann.
3. Eisenhüttenwerk Carlshütte, F. C. Klein, G. m. b. H. — Carlshütte, Kr. Biedenkopf (Hess.-Nass.).
4. Eisenwerke Hirzenhain, Hugo Buderus, G. m. b. H. — Hirzenhain (Hessen).
5. Franksche Eisenwerke, G. m. b. H., Adolfshütte — Adolfshütte, Niederscheld (Dillkreis).
6. A. Schreiber — Leer (Ostfriesland).

X. Rauchgasausnutzer:

1. Franksche Eisenwerke, G. m. b. H., Adolfshütte — Adolfshütte, Niederscheld (Dillkreis).
2. Handelsbureau der Bayrischen Bergwerksverwaltung — München, Ludwigstr. 16, II (Anschrift: München 34, Schalterfach).
3. Potthoff & Flume, Luisenhütte — Lünen a. d. Lippe.
4. A. Schreiber — Leer (Ostfriesland).
5. Voßwerke, Aktiengesellschaft — Hannover, Arndtstr. 21.

XI. Spezialöfen für Kleinhaushalt und Kleingewerbe:

A) Armeleuteöfen:

Von den Firmen	Anschrift
1. Hermanns- u. Friedrichshütte, A.-G., J. G. Wiedermann	Gremsdorf (Bez. Liegnitz).
2. Gebrüder Gienanth, Eisenberg, G. m. b. H.	Eisenberg (Rheinpfalz).
3. W. Ernst Haas & Sohn	Neuhoffnungshütte, Post Sinn (Hess.-Nass.).
4. Handelsbureau der Bayrischen Bergwerksverwaltung	München, Ludwigstr. 16, II (Anschrift: München 34, Schalterfach).
5. Hessen-Nassauischer Hüttenverein, G. m. b. H., Eibelshäuserhütte	Eibelshäuserhütte, Post Eibelshausen.
6. Paulinenhütte, Kommanditgesellsch., Eisenhütten- u. Emaillierwerk Edm. Glaeser	Neusalz a. O.
7. Gebrüder Puricelli, Rheinböllerhütte	Rheinböllerhütte.
8. A. Schreiber	Leer (Ostfriesland).
9. Voßwerke, Aktiengesellschaft	Hannover, Arndtstr. 21.
10. J. D. Wehrenbold & Sohn, Aurorahütte	Aurorahütte b. Gladenbach.
11. Carl v. Wittgenstein, Eisenwerk Friedrichshütte	Friedrichshütte-Laasphe (Westfalen).

B) Pott- und Quintöfen:

Von den Firmen	Anschrift
1. Carl Gottbill sel. Erben, Mariahütte	Mariahütte, Bez. Trier.
2. W. Ernst Haas & Sohn	Neuhoffnungshütte, Post Sinn (Hess.-Nass.).
3. Hessen-Nassauischer Hüttenverein, G. m. b. H., Eibelshäuserhütte	Eibelshäuserhütte, Post Eibelshausen.
4. Hessen-Nassauischer Hüttenverein, G. m. b. H., Verkaufsstelle B, Ludwigshütte	Ludwigshütte (Lahn).
5. Paulinenhütte, Kommanditgesellsch., Eisenhütten- u. Emaillierwerk Edm. Glaeser	Neusalz a. O.
6. Gebrüder Puricelli, Rheinböllerhütte	Rheinböllerhütte.
7. Carl v. Wittgenstein, Eisenwerk Friedrichshütte	Friedrichshütte-Laasphe (Westfalen).

C) Kleine Rundöfen mit Kocheinrichtung:

1. Aktien-Gesellschaft der Hollerschen Carlshütte	Rendsburg.
2. Burger Eisenwerke, G. m. b. H., Burgerhütte	Burg (Dillkreis).
3. Franksche Eisenwerke, G. m. b. H., Adolfshütte	Adolfshütte, Niederscheid (Dillkreis).
4. Gebrüder Gienanth, Eisenberg, G. m. b. H.	Eisenberg (Rheinpfalz).
5. W. Ernst Haas & Sohn	Neuhoffnungshütte, Post Sinn (Hess.-Nass.).
6. Handelsbureau der Bayrischen Bergwerksverwaltung	München, Ludwigstr. 16, II (Anschrift: München 34, Schalterfach).
7. Hessen-Nassauischer Hüttenverein, G. m. b. H., Eibelshäuserhütte	Eibelshäuserhütte, Post Eibelshausen.
8. Paulinenhütte, Kommanditgesellsch., Eisenhütten- u. Emaillierwerk Edm. Glaeser	Neusalz a. O.
9. Rhein.-Westf. Gußwerk Alfred Eberhard & Cie., Eisenwerk Barbarossa	Sangerhausen.
10. Rombacher Hüttenwerke, Abt. Concordiahütte	Bendorf a. Rh. (Anschrift: Engers a. Rh.).
11. A. Schreiber	Leer (Ostfriesland).
12. Schulz & Wehrenbold, Justushütte	Justushütte, Post Weidenhausen, Kr. Biedenkopf.
13. Voßwerke, Aktiengesellschaft	Hannover, Arndtstr. 21.
14. J. D. Wehrenbold & Sohn, Aurorahütte	Aurorahütte b. Gladenbach.
15. Carl v. Wittgenstein, Eisenwerk Friedrichshütte	Friedrichshütte-Laasphe (Westfalen).

D) Bügelöfen:

1. Aktien-Gesellschaft der Hollerschen Carlshütte	Rendsburg.
2. Boekhoff & Co.	Leer i. Hann.
3. Hermanns- u. Friedrichshütte, A.-G., J. G. Wiedermann	Gremsdorf (Bez. Liegnitz).
4. Carl Gottbill sel. Erben, G. m. b. H., Mariahütte	Mariahütte, Bez. Trier.
5. Hessen-Nassauischer Hüttenverein, G. m. b. H., Eibelshäuserhütte	Eibelshäuserhütte, Post Eibelshausen.

Von den Firmen	Anschrift
6. Hessen-Nassauischer Hüttenverein, G. m. b. H., Verkaufsstelle B, Ludwigshütte	Ludwigshütte (Lahn).
7. Gebrüder Puricelli, Rheinböllerhütte	Rheinböllerhütte.
8. A. Schreiber	Leer (Ostfriesland).
9. Schulz & Wehrenbold, Justushütte	Justushütte, Post Weidenhausen (Kr. Biedenkopf).
10. Voßwerke, Aktiengesellschaft	Hannover, Arndtstr. 21.
11. J. D. Wehrenbold & Sohn, Aurorahütte	Aurorahütte b. Gladenbach.

XII. Irische und amerikanische Einsatzöfen.

1. Aktien-Gesellschaft der Hollerschen Carlshütte	Rendsburg.
2. Burger Eisenwerke, Burgerhütte, G. m. b. H.	Burg (Dillkreis).
3. Eisenwerke Hirzenhain, Hugo Buderus, G. m. b. H.	Hirzenhain (Hessen).
4. Esch & Co.	Mannheim.
5. Gebrüder Gienanth, Eisenberg, G. m. b. H.	Eisenberg (Rheinpfalz).
6. W. Ernst Haas & Sohn	Neuhoffnungshütte, Post Sinn (Hess.-Nass.).
7. Handelsbureau der Bayrischen Bergwerksverwaltung	München, Ludwigstr. 16, II (Anschrift: München 34, Schalterfach).
8. Paulinenhütte, Kommanditgesellsch., Eisenhütten- u. Emaillierwerk Edm. Glaeser	Neusalz a. O.
9. C. Rießner & Co.	Nürnberg, Glaishammer.
10. A. Schreiber	Leer (Ostfriesland).
11. Voßwerke, Aktiengesellschaft	Hannover, Arndtstr. 21.
12. J. D. Wehrenbold & Sohn, Aurorahütte	Aurorahütte b. Gladenbach.

XIII. Spezialofenherde für Heiz- und Kochzwecke:

1. Aktien-Gesellschaft der Hollerschen Carlshütte	Rendsburg.
2. Burger Eisenwerke, G. m. b. H., Burgerhütte	Burg (Dillkreis).
3. Eisenhüttenwerk Carlshütte, F. C. Klein, G. m. b. H.	Carlshütte, Kr. Biedenkopf (Hess.-Nass.).

Von den Firmen	Anschrift
4. Hermanns- u. Friedrichshütte, A.-G., J. G. Wiedermann	Gremsdorf (Bez. Liegnitz).
5. Carl Gottbill sel. Erben, G. m. b. H., Mariahütte	Mariahütte, Bez. Trier.
6. W. Ernst Haas & Sohn	Neuhoffnungshütte, Post Sinn (Hess.-Nass.).
7. Hessen-Nassauischer Hüttenverein, G. m. b. H., Eibelshäuserhütte	Eibelshäuserhütte, Post Eibelshausen.
8. Olsberger Hütte, G. m. b. H.	Olsberg i. Westf.
9. Gebrüder Puricelli, Rheinböllerhütte	Rheinböllerhütte.
10. Rombacher Hüttenwerke, Abt. Concordiahütte	Bendorf a. Rh. (Anschrift: Engers a. Rh.).
11. A. Schreiber	Leer (Ostfriesland).
12. Schulz & Wehrenbold, Justushütte	Justushütte, Post Weidenhausen (Kr. Biedenkopf).
13. Voßwerke, Aktiengesellschaft	Hannover, Arndtstr. 21.
14. J. D. Wehrenbold & Sohn, Aurorahütte	Aurorahütte b. Gladenbach.
15. Carl v. Wittgenstein, Eisenwerk Friedrichshütte	Friedrichshütte-Laasphe (Westfalen).

3. Sachregister.

117